Moutaz A.Mohammed Al-Dabbas

Desertificação e tempestades de areia e poeira no IRAQUE: Área de Razzaza-Habbaria

Moutaz A.Mohammed Al-Dabbas

Desertificação e tempestades de areia e poeira no IRAQUE: Área de Razzaza-Habbaria

ScienciaScripts

Imprint
Any brand names and product names mentioned in this book are subject to trademark, brand or patent protection and are trademarks or registered trademarks of their respective holders. The use of brand names, product names, common names, trade names, product descriptions etc. even without a particular marking in this work is in no way to be construed to mean that such names may be regarded as unrestricted in respect of trademark and brand protection legislation and could thus be used by anyone.

Cover image: www.ingimage.com

This book is a translation from the original published under ISBN 978-3-659-89064-2.

Publisher:
Sciencia Scripts
is a trademark of
Dodo Books Indian Ocean Ltd. and OmniScriptum S.R.L publishing group

120 High Road, East Finchley, London, N2 9ED, United Kingdom
Str. Armeneasca 28/1, office 1, Chisinau MD-2012, Republic of Moldova, Europe
Managing Directors: Ieva Konstantinova, Victoria Ursu
info@omniscriptum.com

Printed at: see last page
ISBN: 978-620-8-57507-6

Desertificação e tempestades de areia e poeira no IRAQUE: Razzaza-Habbaria Área como estudo de caso

Prof. Dr. Moutaz A. Al-Dabbas
Faculdade de Ciências - Universidade de Bagdade, Iraque;
Endereço postal: Iraque-Bagdade - Aljaderia - Correios da Universidade de Bagdade - P. O.
Box: 47138.
E-Mail: (profaldabbas@yahoo.com); Mob. : 07902290029.

Resumo

A precipitação média anual no Iraque indica que mais de 80% do país recebe entre 100 e 300 mm, enquanto os restantes 20% recebem entre 300 e 800 mm. Os valores médios de evaporação variam muito entre o norte (1200 - 1600 mm), o centro (cerca de 2300 mm) e as partes sul e oeste do deserto (3400 mm - 3700 mm) do Iraque. A secura reflecte que 70% dos territórios iraquianos estão secos, o que é indicado a sul das curvas de nível do défice hídrico.

As ocorrências de tempestades de areia e poeira (SDS) aumentaram enormemente em comparação com as registadas no século passado. A principal razão para o aumento das tempestades regionais de poeira e poeira são as mudanças drásticas na precipitação e temperatura anuais, para além de muitas outras razões, como a seca, a má gestão da água e o abandono das terras agrícolas. Foram identificadas três zonas principais de origem de poeiras no Iraque: a zona de Jazera, as fronteiras iraquianas entre a Jordânia e a Síria e a planície mesopotâmica do Iraque. As tendências interanuais a longo prazo da temperatura do ar, da humidade relativa e da precipitação total sugerem que o Iraque está a sofrer uma alteração climática regional. As tempestades de areia e poeira têm um impacto muito negativo na saúde humana, na economia, nos transportes e noutros acontecimentos sociais. Os resultados dos pólenes reflectem um clima húmido e molhado. Estes resultados podem ser uma boa prova de que as tempestades de poeira regionais tiveram origem em locais distantes, como demonstrado pelos pólenes de pinheiro, uma vez que podem ser provenientes do norte da Síria, da Turquia ou transportados de países próximos do Iraque que têm o mesmo clima. Os alergénios normalmente associados às tempestades de poeira incluem esporos de fungos, pólenes de plantas e gramíneas e detritos orgânicos que representam grãos de pólen de uma zona agrícola. Alguns dos fungos e algas podem crescer, aumentar no solo e ser transportados com as tempestades de poeira regionais que os transportam.

As formas de relevo na superfície terrestre são muito dispendiosas de cartografar ou monitorizar. As observações de deteção remota a partir de plataformas espaciais fornecem uma visão sinóptica do terreno em imagens. Os dados multiespectrais de satélite têm a vantagem de os dados de imagem em várias bandas poderem ser sujeitos a técnicas de melhoramento digital para realçar contrastes em objectos para melhorar a interpretabilidade da imagem. A cartografia geomorfológica e de utilização dos solos envolve a divisão do terreno em entidades espaciais conceptuais com base em critérios. Esta investigação ilustra a forma como a geomorfometria e as abordagens cartográficas podem ser utilizadas para produzir informações geomorfológicas relacionadas com a superfície terrestre, as formas de relevo e os sistemas geomórficos. A aplicação da deteção remota na área de Razzaza-Habbaria, a sudoeste do lago Razzaza, mostra as diferentes unidades geomorfológicas e os mapas de utilização do solo que foram delineados a partir da imagem Landsat ETM+. A classificação digital não supervisionada de imagens foi adoptada para delinear as diferentes classes, aplicando o software ERDAS 8.4. De acordo com esta classificação, foram selecionadas cinco classes e delimitadas com cores diferentes.

ÍNDICE DE CONTEÚDOS

Capítulo I

1. Introdução e metodologia

1.1 Prefácio

O Iraque está a sofrer de desertificação nas regiões do centro e do sul do país, estimada em cerca de um milhão de hectares. De facto, dois terços dos territórios iraquianos são caracterizados por condições climáticas adversas, tais como uma precipitação muito baixa (<400 mm), temperaturas elevadas com flutuações notáveis entre o dia e a noite, bem como entre o verão e o inverno, ventos fortes e tempestades de areia. Além disso, são caracterizadas pela presença de solos afectados pelo sal. Este problema começou por ser negligenciável e atualmente prevê-se que atinja mais de 90% das terras cultiváveis. As dunas de areia móveis têm também um efeito direto nas infra-estruturas, tais como estradas, caminhos-de-ferro, canais de irrigação, solos agrícolas, erosão do solo, tempestades de areia, bem como um efeito negativo direto no ambiente e na saúde humana. A desertificação também afecta o crescimento das plantas, especialmente as forragens e as pastagens, o que é considerado um dos problemas mais cruciais da produção animal no Iraque (Figuras 1 e 2). A degradação das terras ou a desertificação resultam de uma combinação de factores sociais e económicos, tais como a pobreza e a distribuição desigual dos recursos terrestres, sistemas inadequados de utilização das terras e métodos agrícolas. No Iraque, estes factores são agravados pelo clima e pela fragilidade dos ecossistemas. Quanto maior for o avanço da degradação, mais difícil e dispendiosa será a recuperação das terras para o seu estado original. Se a terra se degradar de forma irreversível, o seu potencial de produção agrícola é permanentemente reduzido ou mesmo destruído. A degradação das terras engloba a degradação do solo e a deterioração ou perda da vegetação e das funções da paisagem. Estas componentes não actuam separadamente, mas estão intrinsecamente ligadas umas às outras e podem atuar como apoiantes e aceleradores mútuos do processo de degradação. A degradação do solo tem dimensões físicas, químicas e biológicas. A degradação da estrutura do solo afecta as suas propriedades de amortecimento, filtragem e retenção de humidade. Esta degradação pode ser causada por factores como práticas de lavoura inadequadas e pisoteio excessivo por animais de pasto. A falta de reposição de nutrientes para as plantas e de matéria orgânica conduz ao declínio da fertilidade do solo e à diminuição da produção de biomassa. Os rendimentos diminuirão e a cobertura protetora do solo nas terras de cultivo e nas pastagens será reduzida. Por conseguinte, os processos de erosão do solo removem grandes quantidades de solo fértil. Em terrenos planos e em ambientes mais secos, a erosão induzida pelo vento pode ser significativa. Em função do clima, das formas de relevo e da utilização dos solos, a degradação dos solos assume diferentes formas em diferentes partes do Iraque. Nas pastagens e nas zonas aráveis de sequeiro, a erosão eólica é caraterística, ao passo que nas zonas irrigadas, a salinização do solo devido a práticas agrícolas de irrigação inadequadas é amplamente observada. As medições da erosão eólica no Iraque revelaram perdas de solo de até 60 toneladas por hectare (o que equivale a uma perda de aproximadamente 3 mm de profundidade do solo) durante os meses de vento. A erosão eólica provoca a perda de profundidade do solo, matéria orgânica, teor de argila, nutrientes e sementes indígenas. A erosão do solo pelo vento tem duas grandes dimensões: transporte e acumulação. A biodiversidade no Iraque está a sofrer uma grave erosão devido à degradação dos habitats naturais, à intensificação e expansão das culturas e ao sobrepastoreio das pastagens naturais. O resultado é que, atualmente, os parentes selvagens das espécies cultivadas só crescem em zonas marginais, como as bordaduras dos campos, os solos pouco profundos e os vestígios de vegetação natural.

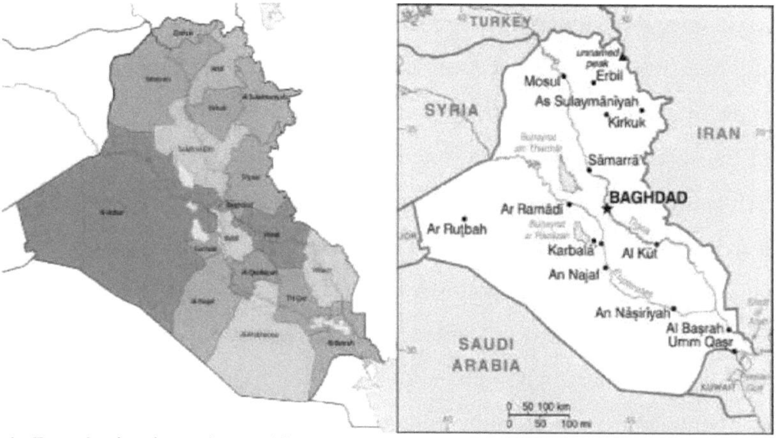

Figura 1: Províncias iraquianas (fonte: Wikipedia) (a) e Iraque e países vizinhos (de Alonso-Pérez, et al., 2013) (b).

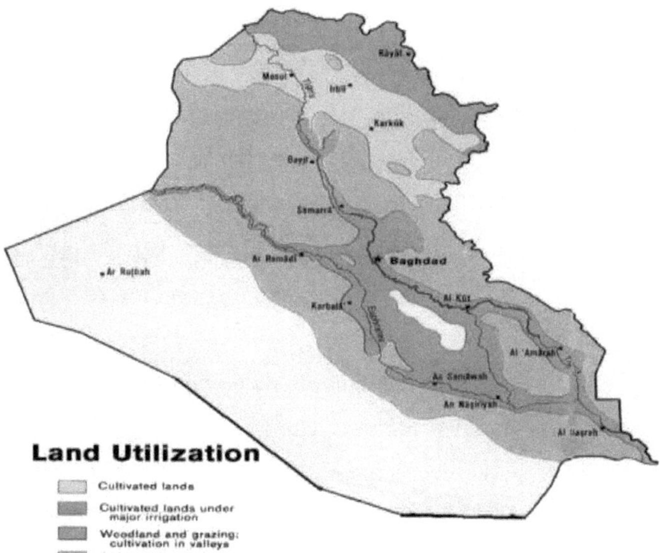

Figura 2: Utilização das terras do Iraque (de www.fao.org.).

O empobrecimento da biodiversidade no Iraque é mais claramente visível nas pastagens naturais degradadas, que perdem rapidamente a sua produtividade devido à forte pressão do pastoreio e a uma gestão inadequada das pastagens. Para gerir a vegetação natural e planear eficazmente a reabilitação das áreas de pastagem degradadas, é muito importante implementar um projeto de monitorização das pastagens, que integre a utilização de imagens de satélite, inquéritos de campo e sistemas de informação geográfica, bem como a estimativa da disponibilidade de biomassa (ou seja, de alimentos) nas regiões áridas e semi-áridas do Iraque.

Os objectivos desta investigação são analisar os dados climatológicos recolhidos nas estações meteorológicas iraquianas para a precipitação e evaporação, investigar as tempestades de poeira de areia sobre o Iraque e utilizar os documentos de deteção remota para detetar e delinear as unidades classificadas de pastagens, actividades de desertificação e produzir mapas finais que incluem: mapas de utilização da terra e mapas de geomorfologia, bem como centrar-se numa revisão cuidadosa e abrangente da informação disponível e na análise de dados.

1.2 O solo do Iraque

O trabalho de classificação dos solos no Iraque teve início há mais de 40 anos. Foram efectuados muitos levantamentos de solos e classificações de terras em várias partes do país por muitos grupos: empresas de consultoria de várias nacionalidades, peritos da FAO, pessoas contratadas e membros da divisão de levantamento de solos do Iraque. Alguns destes levantamentos contribuíram, de uma forma ou de outra, para o conhecimento dos solos do Iraque, mas careciam de normas gerais, estavam desactualizados ou eram inexactos. Em 1960, foi efectuada uma primeira tentativa de elaboração de um mapa exploratório geral do Iraque (Buringh, 1960). Contudo, as unidades cartográficas desse mapa eram uma combinação de termos gerais, unidades geológicas, geomorfológicas e geográficas. Foram mencionadas algumas unidades taxonómicas do solo, justificadas pela relação entre os solos e os dois principais factores de formação do solo: Clima e Vegetação.

Os solos do Iraque estão divididos em quatro ordens diferentes (Entisols, Vertisols, Aridisols e Mollisols) e pertencem aos seguintes grandes grupos e subgrupos Torrifluventes Típicos e Verticais, Torriortes Típicos e Verticais, Quartzipsamments e Torripsamment, Torrerts, Cromozeretes Típicos e Enticos, Calciorthids Típicos, Mollic e Líticos, Paleargids Petrocálcicos e Líticos, Hablargids Típicos, Salorthids Típicos e Mollic, Rendolls e Rendolls Líticos, Calcixerolls e Calcixerolls Líticos

(Norman, 2004).

No entanto, os limites do solo baseiam-se em grande medida em considerações geológicas, fisiográficas e pedagógicas.

1.3 Agricultura do Iraque

O sector agrícola iraquiano representa uma componente pequena, mas vital, da economia do país. Em meados da década de 1980, a agricultura representava apenas cerca de 14% do PIB nacional. Após a imposição de sanções pelas Nações Unidas e o incumprimento por parte do governo iraquiano do programa "Petróleo por Alimentos" proposto pelas Nações Unidas, em 1991, estima-se que a parte do PIB correspondente à agricultura tenha aumentado para 35% em 1992. O rápido crescimento demográfico registado nas últimas três décadas, associado à limitação das terras aráveis e a uma estagnação geral da produtividade agrícola, fez aumentar constantemente a dependência das importações para satisfazer as necessidades alimentares internas desde meados da década de 1960. Em 1980, o Iraque importava cerca de metade da sua oferta alimentar. Em 2002, entre 80 e 100% de muitos produtos alimentares de base - trigo, arroz, açúcar, óleo vegetal e farinhas proteicas - eram importados (Ahmad, 2002, PECAD.FAS, USDA, 2003).

O Iraque tem uma superfície total de 43,7 milhões de hectares, dos quais 34,0 milhões (77,7%) não são viáveis para utilização agrícola nas condições actuais. Menos de 0,4% da superfície é constituída por florestas e bosques situados ao longo da fronteira setentrional com a Turquia e o Irão. Os restantes 22% (cerca de 9,5 milhões de hectares) estão envolvidos em actividades agrícolas, embora quase metade seja muito marginal e utilizada apenas para o pastoreio sazonal da população pecuária iraquiana, predominantemente constituída por cabras e ovelhas. Estima-se que 340 000 hectares sejam dedicados a culturas arbóreas (figos, uvas, azeitonas e tâmaras). A área cultivada anualmente com culturas arvenses, tais como cereais, leguminosas, frutos e produtos hortícolas, varia em função das condições meteorológicas e do mercado, mas situa-se geralmente entre 3,5 e 4 milhões de hectares. No início da década de 1990, a área cultivada aumentou temporariamente para cerca de 5,5 milhões de hectares, antes de regressar a menos de 4 milhões. Entre 75 e 85% da área cultivada é geralmente plantada com cereais (sobretudo trigo e cevada) (Ahmad, 2002).

O Iraque está dividido numa zona de produção de cereais de inverno, predominantemente de sequeiro, a norte, e numa zona de regadio, a centro-sul, que produz produtos hortícolas e frutícolas, bem como culturas cerealíferas. Cerca de um terço da produção de cereais do Iraque é produzido em condições de sequeiro no sopé das montanhas do nordeste, no Curdistão iraquiano. O trigo e a cevada de inverno são plantados no outono (setembro-novembro) e colhidos no final da primavera (maio-junho). Os rendimentos das culturas de sequeiro são geralmente fracos e variam frequentemente de forma significativa em função da precipitação. Os restantes dois terços da produção de cereais do Iraque ocorrem na zona irrigada que se estende ao longo e entre os rios Tigre e Eufrates. Na zona centro-sul do Iraque cai muito pouca chuva e a agricultura nesta região depende da irrigação. Ao longo da história, a agricultura de regadio da região centro-sul do Iraque tem sido ameaçada pela salinização. O lençol freático do sul do Iraque é salino e está tão próximo da superfície que basta um pouco de irrigação excessiva para o fazer subir até ao nível das raízes e destruir a cultura. A produção de culturas de regadio inclui o trigo de inverno e a cevada, bem como culturas de verão como o arroz, o milho, o algodão, os produtos hortícolas e a fruta. Na maior parte das vezes, é plantada uma única cultura por ano, embora haja algumas culturas múltiplas de legumes onde há água de rega disponível. As culturas de verão irrigadas são geralmente plantadas durante abril-maio e colhidas em agosto-setembro, embora isto possa variar consoante a cultura.

O pastoreio de gado ocorre em ambas as zonas agrícolas, mas é mais comum no norte, onde prevalece o pastoreio em encostas. Os pequenos ruminantes - ovelhas e cabras - são as espécies pecuárias mais prevalecentes. No entanto, a carne de bovino tem sido a fonte tradicional de proteínas alimentares para a maioria dos iraquianos. A produção de aves de capoeira ocorre nas proximidades dos centros urbanos (Norman, 2004). A Guerra do Golfo de 1991 provocou danos significativos nas infra-estruturas de irrigação e de transporte vitais para o sector agrícola iraquiano. A produtividade agrícola foi afetada pela falta de fertilizantes, de máquinas agrícolas e de meios para pulverizar as áreas plantadas com pesticidas. A salinidade alastrou a grande parte dos campos irrigados do centro e do sul do Iraque, uma vez que o Governo pôs termo à manutenção do sistema de irrigação. De acordo com os funcionários da FAO, uma vez registada uma salinização grave do solo, o processo de reabilitação pode demorar vários anos. Em consequência da seca, a produção anual de cereais per capita do Iraque diminuiu de 77 kg, já em 1999, para apenas 39 kg em 2000. Na fase inicial do período pós-guerra do Iraque de 2003, o sector agrícola do país continua a ser afetado pela herança da má gestão do passado, pela inacessibilidade das máquinas agrícolas, dos fertilizantes e dos pesticidas e pelos efeitos persistentes da seca de 1999-2001. As infra-estruturas de irrigação do Iraque só funcionam parcialmente; a salinização das terras de cultivo de primeira qualidade está generalizada em todo o sistema de irrigação; e a fertilidade das terras de cultivo e das pastagens foi gravemente afetada por uma exploração excessiva devida a práticas deficientes de gestão dos solos. Os sectores da pecuária foram devastados por uma falta generalizada de alimentos para animais e de pastagens, bem como por uma falta de medicamentos veterinários utilizados para controlar parasitas e doenças comuns.

1.4 Posse de terras agrícolas no IRAQUE

Pode dizer-se que a política de posse teve três períodos. O primeiro foi na década de 1930, quando foi efectuada uma adjudicação sistemática sob a liderança da administração britânica. O segundo período teve início em 1970, num período de reforma agrária influenciado, em muitos aspectos, pelas reformas agrárias egípcias da década de 1950. O terceiro período teve início com a imposição de sanções na década de 1990 e continuou no período que se seguiu ao ano de 2003, altura em que se registaram muitos saques e destruição.

Existem algumas terras privadas no Iraque, mas calcula-se que sejam apenas 1 milhão de donums (1 donum = um quarto de hectare, ou 2 500 metros quadrados). Ao longo dos anos, foram adoptados vários programas para restringir a quantidade de terras privadas. Na reforma agrária de 1958, por exemplo, o governo limitou a propriedade a 350 donums por pessoa e tomou as terras "excedentes" dos grandes proprietários.

As terras de direito de uso abrangem aproximadamente 3 milhões de donums e existem em todo o país. A designação de terras como terras de "uso" foi feita numa adjudicação tradicional de terras efectuada por comités que percorreram o país e designaram terras de uso como terras que não tinham proprietário (Ahmad, 2002).

Nesses casos, o agricultor torna-se o utilizador da terra, que é designada como terra de uso nos termos da lei n.º 401 de 1983, se existir um "Tapu" (o documento em que a participação foi registada) antes da designação. Se existir um "Tapu", o terreno de uso pode ser comprado e vendido, mas o comprador só recebe um quarto da participação e o governo retém os outros três quartos da participação. No entanto, o detentor de um quarto da participação pode comprar a participação do Governo e o terreno pode ser convertido em terreno privado. O preço da participação de três quartos é pré-determinado de acordo com a lei n.º 12 de 1981. O preço de compra é determinado pelos Tapus do distrito onde a terra se situa, que registam os preços de compra da terra (Norman, 2004). Cerca de um terço das chamadas terras agrícolas no Iraque não tem qualquer categoria, mas trata-se geralmente de terras desérticas ou de outras terras não adequadas para a agricultura. -Como um dos elementos básicos da reforma agrária iniciada em 1958, as terras agrícolas foram distribuídas a indivíduos e grupos ao abrigo da lei nº 117 de 1970. A distribuição de terras gratuitas continuou até aproximadamente 1987. No entanto, há problemas constantes que surgem deste processo, especialmente à medida que a população deste grupo envelhece e os detentores de terras de distribuição gratuita morrem sem herdeiros ou partem das suas terras. Quando estas questões surgem, a terra de distribuição gratuita é frequentemente convertida em terra arrendada e tem permanecido sob a propriedade do governo. Foi relatado que a área de terras de distribuição gratuita foi reduzida de aproximadamente 12 milhões de donums no seu auge para algo entre 7 e 8 milhões de donums atualmente. A área foi reduzida por várias razões: por vezes, por falta de um herdeiro após a morte de um loteador; noutros casos, porque a conversão de terras de sequeiro para irrigação resultou na diminuição de terras secas devido à área ocupada por canais.

Existem dois tipos de terras de arrendamento agrícola: as privadas e as governamentais. Em ambos os casos, espera-se que o processo de planeamento afecte a forma como a terra é utilizada para a produção. Assim, não há diferença significativa entre o facto de a terra ser propriedade privada e arrendada a privados ou propriedade do Estado e arrendada a um particular. O tamanho foi determinado pelo tipo de terra (irrigada, de sequeiro, desértica), pela cultura a ser produzida e pela fertilidade da terra, entre outras variáveis. Diz-se que o tamanho das propriedades de aluguer varia entre 1 e 53.000 donums. No entanto, o tamanho habitual de uma parcela de aluguer é de 50 a 100 donums. A fertilidade é um fator importante; as terras de arroz do Médio Eufrates, por exemplo, estão entre as mais pequenas das parcelas de arrendamento.

1.5 Pastagens no Iraque

As pastagens cobrem cerca de 75% de toda a superfície terrestre do Iraque. Nos últimos tempos, estas terras degradaram-se gravemente devido a práticas de utilização incorrectas, incluindo o sobrepastoreio, a conversão em terras agrícolas, o abate de árvores e arbustos e a distribuição irregular de pontos de água. O conflito armado na região do Golfo agravou o problema, uma vez que os cidadãos, motivados por sanções económicas e pela necessidade de alimentos, intensificaram a lavoura em terras desérticas onde existe uma grave carência de factores essenciais ao desenvolvimento. Registou-se uma aceleração do abate de árvores, uma vez que não existiam fontes de combustível alternativas. Esta situação conduziu a uma degradação generalizada dos solos e a frequentes tempestades de poeira (Al- Rawi,1988, Arshad e Coy,1993,Laith ,et al,2000,Derkson,2001).

As pastagens estão cobertas por uma cobertura vegetal mista de gramíneas e forbes com arbustos lenhosos. A pesquisa bibliográfica indica que as principais gramíneas presentes são Agropyron sp. e Poa sp. (Zohary, 1950, Guest, 1966, Yahia, 1971, Thalen, 1979, Zarei, 1998, Norman, 2004). As forbes observadas incluem o dente-de-leão, cardos e compostas. Sem dúvida que muitas outras espécies aparecerão à medida que o verde da primavera for surgindo e o novo crescimento se tornar mais visível. A utilização de gramíneas e forbes pelo gado nas áreas observadas é muito intensa, com 80% ou mais. Isto inclui a vegetação nativa das terras agrícolas, os campos em pousio e os prados adjacentes às terras agrícolas. Pensa-se que não está a ser feito o suficiente para evitar o sobrepastoreio e a degradação das pastagens no Iraque. A promoção da melhoria das pastagens, da produção de forragens e de práticas modernas de gestão das pastagens são actividades paralelas importantes. O desafio global da gestão das pastagens consiste em equilibrar as diversas necessidades económicas, culturais e sociais das populações que utilizam as pastagens com o desejo de manter os recursos naturais do Iraque e conservar as suas caraterísticas biológicas e culturais.

Nas zonas agrícolas, cada agricultor tem um interesse e controla as terras que cultiva ou ocupa. O pastoreio ocorre nas terras cultivadas após a colheita e nas terras que são objeto de pousio no ano em curso. Não existe qualquer controlo governamental sobre estas terras; não é paga qualquer taxa ao governo, não é obtida qualquer autorização, não é estabelecida qualquer capacidade de carga e não existe uma época de utilização rigorosa.

A pesquisa bibliográfica concluiu que existem algumas oportunidades iniciais para a melhoria das pastagens, tais como

A. Sistemas de pastoreio em repouso/rotação para pastagens.

Atualmente, quase todas as pastagens são sujeitas a um pastoreio intenso todos os anos, da mesma forma e na mesma altura do ano. Este facto pode resultar na utilização excessiva de plantas palatáveis, tornando-as menos vigorosas. Com o atual regime de pastoreio, as plantas não têm a oportunidade de florescer e produzir sementes. O recrutamento de novas plantas para a população existente é muito reduzido, se é que existe algum. Com o pastoreio contínuo, as plantas podem acabar por morrer e ser substituídas por espécies menos desejáveis.

B. Plantação e utilização de pastagens domesticadas em terras agrícolas secas não utilizadas.

Pode ser possível transformar os terrenos agrícolas secos não utilizados em pastagens domesticadas com uma mistura de leguminosas e gramíneas que poderiam suportar um número muito maior de animais em pastoreio. O investimento financeiro e o compromisso de gestão necessários para estabelecer e manter pastagens domesticadas são consideráveis.

C. Alimentação suplementar.

Atualmente, existe alguma alimentação suplementar, mas é normalmente utilizada como forma de manter os animais até que possam ser transferidos para pastagens nativas ou para terrenos agrícolas que estejam em pousio ou tenham sido recentemente colhidos. A ração mais comum é a palha, complementada com uma pequena quantidade de cevada. Durante os períodos de baixa disponibilidade de alimentos nas pastagens, é necessário dispor de recursos alimentares adicionais. Num projeto de colaboração com o Iraque, o ICARDA desenvolveu blocos de alimentação a partir de subprodutos agro-industriais, tais como palha, cama de aves, bagaço de azeitona, polpa de beterraba, polpa de tâmaras, etc. Estes blocos de alimentos para animais estão agora a ser produzidos pelo sector privado e contribuem significativamente para a proteção dos recursos da pastagem em períodos críticos, além de gerarem rendimentos adicionais.

1.6 Ambiente desértico no Iraque

A superfície total do Iraque é de cerca de 435 000 quilómetros quadrados. A zona desértica situa-se a oeste e a sudoeste do rio Eufrates (figuras 3 e 4). Existem pequenas áreas de cultivo e foram abertos vários poços pouco profundos para a irrigação de pequenas áreas de trigo e cevada. Além disso, pequenas parcelas são irrigadas por águas provenientes da zona de nascentes ao longo do limite nordeste do deserto (figuras 5 e 6). O deserto iraquiano tem invernos suaves e verões quentes e secos. Quase toda a precipitação ocorre durante os meses de outono e inverno e não chove de maio a setembro. A parte norte é caracterizada por um inverno mais frio e uma maior precipitação do que a parte sul. A humidade relativa varia com as estações do ano. A água corre nos cursos de água apenas durante a estação das chuvas. A precipitação anual é variável externamente de ano para ano. A pequena quantidade de chuva é relativamente eficaz para o crescimento das plantas porque ocorre nos meses frios, quando a evaporação é menor, e suporta um crescimento esparso mas generalizado de gramíneas úteis para o pastoreio. A humidade relativa nos meses de inverno pode variar entre 50 e 60 por cento, mas no verão situa-se geralmente entre 20 e 30 por cento. A humidade relativa média anual situa-se entre 35 e 40 por cento. As grandes variações de temperatura anual, sazonal e diária são habituais e as variações sazonais são ainda mais acentuadas. O deserto do norte é uma planície plana de areia móvel a uma planície muito rochosa (figura 7).

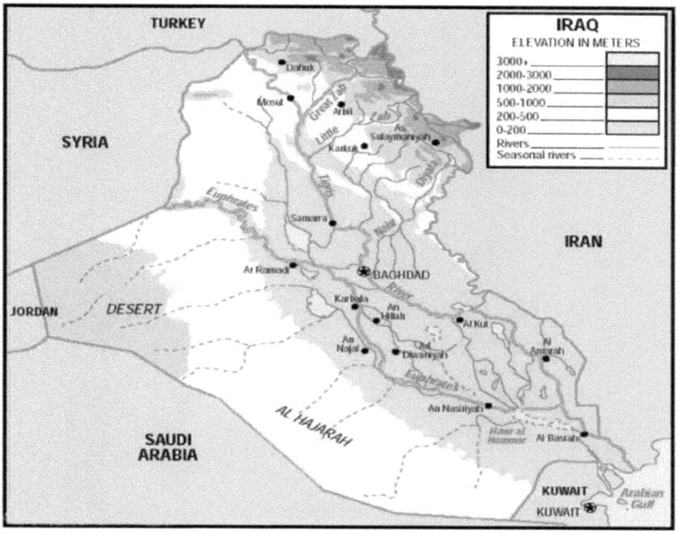

Figura 3: Mapa topográfico do Iraque (de www.patriotfiles.com., www.unep.org .)

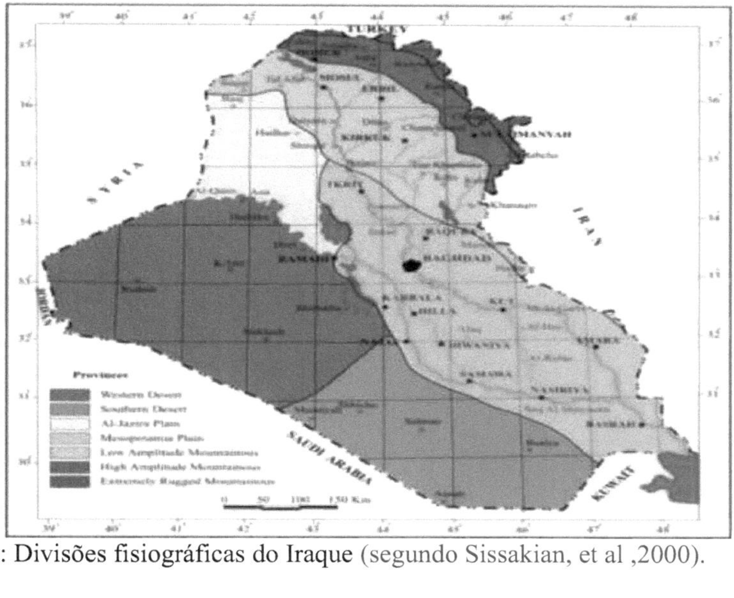

Figura 4: Divisões fisiográficas do Iraque (segundo Sissakian, et al ,2000).

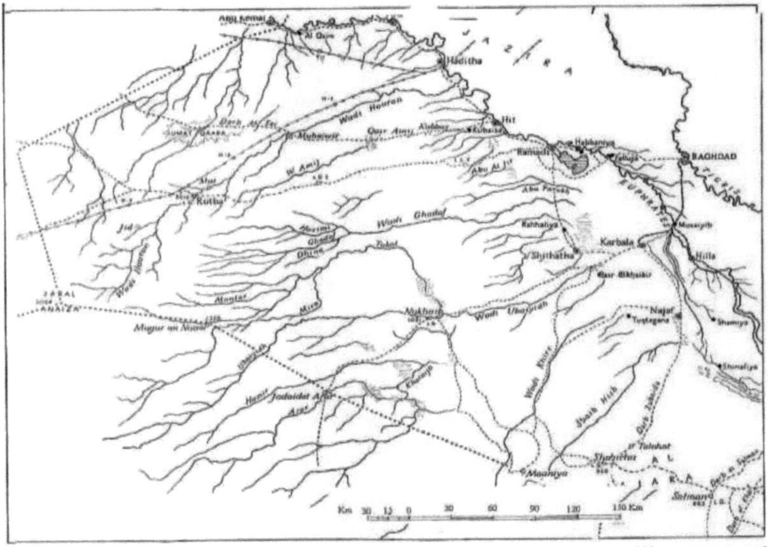

Figura 5: A parte norte do deserto ocidental iraquiano (após www.lib.utexas.edu).

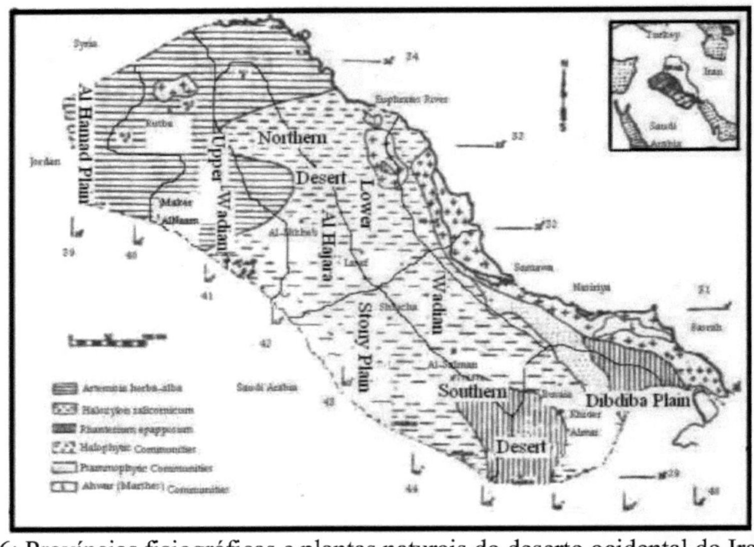

Figura 6: Províncias fisiográficas e plantas naturais do deserto ocidental do Iraque.

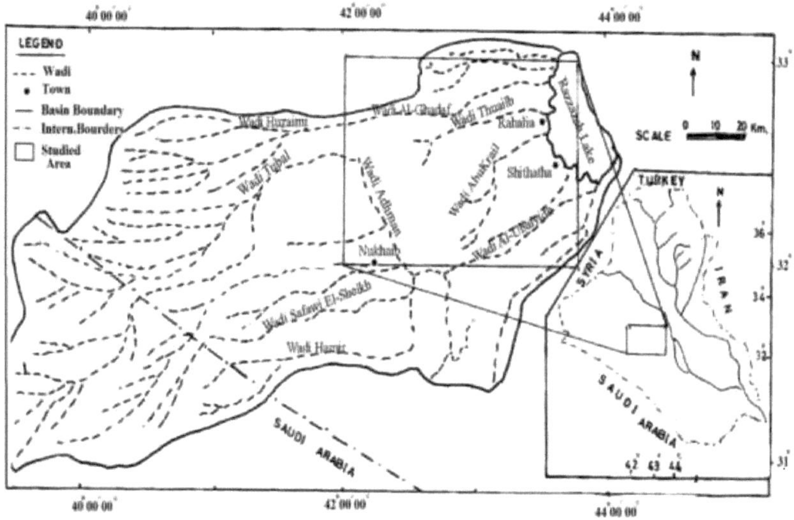

Figura 7: O mapa de localização da área de Razzaza - Habbaria mostra as bacias hidrológicas do Lago Razzaza Oeste (Al-Dabbas, et al, 2013).

1.6.1 A parte setentrional do deserto ocidental iraquiano

A parte norte do deserto ocidental iraquiano inclui uma área de cerca de 101 160 quilómetros quadrados de terras áridas, que se estende para oeste e sudoeste até às fronteiras da Síria, Jordânia e Arábia Saudita (Figura 6). A vasta planície, sem caraterísticas a não ser quando esculpida por wadis, sobe gradualmente cerca de dois metros por quilómetro de leste para oeste até uma elevação máxima de cerca de 1000m. A superfície notavelmente uniforme tem muito pouco solo ou aluvião a cobrir o leito rochoso predominantemente calcário, exceto nos wadis. Os cursos de água intermitentes cortam vales a uma profundidade de 30 a 100 m abaixo da superfície (Parsons, 1955). A principal estrutura geológica é um declive suave, ligeiramente mais acentuado do que a inclinação da superfície terrestre. Assim, em geral, os leitos mais jovens encontram-se na margem oriental do deserto.

1.6.1.1 Geologia da zona de estudo

A formação Fatha, do Miocénico Médio, surge ao longo do limite nordeste, a sul do Wadi Al-Ghadaf (Figura 7). Em geral, é constituída por calcário marinho rosa e branco semelhante ao calcário Eufrates subjacente. A espessura da formação varia provavelmente entre 15 e 70 m. A Formação Injana do Miocénico Superior está exposta apenas no limite sudeste. É constituída por arenitos, siltitos e xistos intercalados de cor castanha avermelhada a cinzenta, com gesso secundário ocasional. Uma fina camada de aluvião recente cobria a superfície do leito rochoso em depressões, wadis e divisões inters wadi. Em depressões pouco profundas, como Faidhat al Habbariya, o aluvião é constituído por areias, siltes e argilas com cerca de 3 a 7 m de espessura. Estes depósitos contêm calcite cristalina, grãos detríticos de quartzo e argila cimentada em agregados. Algumas depressões pouco profundas estão preenchidas com argila calcária e apresentam fissuras típicas de lama na estação seca. O aluvião dos leitos dos wadi é constituído por calhaus e seixos subarredondados de calcário rosa e branco misturados com areia castanha, silte e argila. Nos lados de alguns dos maiores leitos de wadi, os cascalhos são cimentados por carbonato de cálcio num conglomerado duro (Jassim e Goff, 2006). Os depósitos aluviais nas áreas inter-wadi formam uma cobertura fina sobre as superfícies rochosas. Os depósitos residuais consistem em calcário fresco de tamanho granular e de seixos com detritos mais pequenos de materiais argilosos e quartzo. Estes depósitos de grão fino foram cimentados por calcite em grãos agregados. Outros depósitos têm muitas das caraterísticas das acumulações residuais, mas também indicam que foram transportados e depositados no seu local atual por água corrente. Estes depósitos são interpretados como resultantes de lavagens de lençóis. Contêm seixos, de forma angular a sub-angular, mas a angularidade é inferior à dos depósitos residuais. Alguns depósitos mostram indícios de terem sido transportados a curtas distâncias pela água e mais tarde ligeiramente reordenados pelo vento. São constituídos maioritariamente por fragmentos de calcário com pequenas quantidades de material decomposto. Os seixos têm arestas arredondadas e geralmente têm superfícies lisas, mas alguns mostram a canelura típica observada nos seixos de calcário dos depósitos residuais. Os depósitos residuais de chert, sílex e calcário, enegrecidos pelo verniz do deserto, cobrem grandes áreas da superfície do deserto. Os depósitos de produtos residuais conglomeráticos de calcário que foram cimentados por calcite são comuns na superfície da área de drenagem de Faidhat al Habbariya. O material de cimentação parece ter sido formado pela precipitação de sais das águas subterrâneas ascendentes à medida que estas se evaporavam. Os depósitos eólicos ocorrem tanto em zonas de wadi como de inter- wadi. O principal mineral destes depósitos é o quartzo de grão fino, mas o calcário e a dolomite ocorrem em tamanhos mais grosseiros. As grandes dunas de areia não são comuns no Deserto do Norte, mas existem áreas locais com pequenas dunas.

As províncias fisiográficas da parte setentrional do deserto ocidental iraquiano, de acordo com Parsons, 1955, são o Baixo Wadian, a Planície Pedregosa de Al Hajara, o Alto Wadian e a Planície de Al Hamad (Figura 6). As quatro províncias fisiográficas não se limitam à parte norte do deserto ocidental iraquiano, mas estendem-se aos países adjacentes e a outras divisões administrativas do Iraque (Parsons, 1955, Buday e Jassim, 1987, Jassim e Goff, 2006).

a. Província do Baixo Wadian

A província do Baixo Wadian tem um sistema intrincado de wadis pouco profundos que drenam para leste para as depressões de Razzaza e Al Habbanyia. Os três principais wadis incluídos na Província do Baixo Wadian são o Wadi al Muhammadi, o Wadi al Fajj e o Wadi al Salaam. O Baixo Wadian é caracterizado por buttes e restos isolados de calcário duro e resistente que resistiram à erosão em maior grau do que as formações rochosas circundantes. Alguns dos principais wadis, como o Wadi al Fajj, são delimitados por falésias com cerca de 65 m de altura. Wadi al Ghadaf e Wadi al Ubaiyidh são grandes wadis que têm a sua origem perto da fronteira com a Arábia Saudita, entram na província do Baixo Wadian pelo oeste e terminam na depressão de Razzaza.

b. Al Hajara Stony Plain

A planície pedregosa de Al Hajara, imediatamente a oeste da província do Baixo Wadian, é um deserto plano, coberto de pedras, que apresenta pouco relevo e se eleva muito ligeiramente para oeste. A superfície está frequentemente coberta por fragmentos residuais de calcário, sílex e chert, do tamanho de seixos e calhaus, enegrecidos pelo verniz do deserto (Parsons, 1955).

c. Província do Alto Wadian

A província do Alto Wadian, a oeste da planície pedregosa de Al Hajara, é um sistema intrincado de wadis e afluentes dispostos num padrão semelhante a uma árvore (dendrítico), muito semelhante à província do Baixo Wadian. A drenagem faz-se para nordeste. Vários grandes wadis, como o Wadi al Ghadaf e o Wadi Hauran, nascem na parte ocidental da província do Alto Wadian e drenam para leste através da planície pedregosa de Al Hajara e das províncias do Baixo Wadian (Figuras 6 e 7). A secção transversal dos wadis varia ao longo dos seus cursos, desde vales amplos e pouco profundos com margens baixas até desfiladeiros de fundo plano e paredes íngremes. Os terraços ao longo dos grandes wadis, como Wadi Tubal e Wadi Musad, indicam vários ciclos distintos na erosão geral do deserto do Norte.

d. Planície de Al Hamad

A planície de Al Hamad, situada a oeste da província do Alto Wadian, é uma planície quase descaracterizada. O grande Wadi Hauran tem a sua nascente nesta zona e atravessa todo o deserto do Norte até ao rio Eufrates.

1.6.1.2 Hidrologia da zona de estudo

Existem essencialmente dois tipos genéticos de cursos de água no deserto: os consequentes e os insequentes. Estes cursos de água drenam para o rio Eufrates ou para os numerosos pântanos pouco profundos ou Sabkhas ao longo da orla do deserto. Uma combinação de cursos de água consequentes e insequentes ocorre na parte restante do deserto. Geralmente, estes cursos de água desaguam em depressões localmente interligadas. Nos mesmos locais, a drenagem é insequente e descontrolada, drenando para as depressões a partir de todas as direcções. Durante a estação das chuvas, formam-se poças de água de vários tamanhos. Em toda a região desértica, os breves períodos de chuva são o resultado da lavagem da chuva e do escoamento, que correm em forma de inundação pelos cursos de água. A maioria das grandes depressões tem um solo argiloso, que foi lavado para dentro delas, formando um revestimento moderadamente importável sobre o qual se acumulam as poças de chuva durante a sessão chuvosa. O solo parece ser moderado, com algumas secções impermeáveis, tal como as zonas pantanosas e Sabkhas. Os poços escavados à mão e os charcos temporários estão espalhados por todo o deserto. Vários tanques ou reservatórios de grandes dimensões, revestidos a alvenaria ou escavados na rocha, armazenam a água da chuva para utilização posterior. A água de rega é obtida em pequenas quantidades a partir de nascentes e de poços escavados à mão. As nascentes, ao longo de uma linha que se estende até ao limite nordeste do deserto do sul, são utilizadas para irrigar pequenos jardins e pomares. Alguns Wadis têm mais de 400 km de comprimento e provocam inundações durante as chuvas de inverno. A precipitação anual ocorre entre novembro e abril, a maior parte da qual nos meses de inverno, de dezembro a março. Os restantes 6 meses são os mais quentes (durante junho, julho e agosto, a temperatura atinge mais de 40 °C).

1.6.1.3 Hidrogeologia da zona de estudo

A água subterrânea ocorre em cada uma das províncias fisiográficas em calcário fracturado e cavernoso, em leitos porosos de arenito e em cascalhos e areias não consolidados de wadis maiores. O movimento das águas subterrâneas parece ser para nordeste, a mesma direção que o mergulho dos leitos, a inclinação da superfície terrestre e o fluxo das águas superficiais. A recarga das águas subterrâneas é feita principalmente pela infiltração das águas superficiais nos wadis e, em menor grau, pela penetração profunda da precipitação diretamente no solo; por conseguinte, as depressões topográficas e os grandes wadis são os locais mais favoráveis para os poços. Faidhat al Habbariya é uma zona importante para o desenvolvimento futuro das águas subterrâneas. O Wadi Tubal, na maior parte do seu curso, corre na direção nordeste, mas a norte de Faidhat al Habbariya, corre para sul e desagua no Wadi al Ubaiyidh. Vários dos maiores wadis, como o Wadi Hauran e o Wadi al Ghadaf, atravessam claramente toda a região e desaguam no Eufrates. Várias depressões importantes recebem a drenagem de grandes wadis. Faidhat al Habbariya, imediatamente a norte do Nukhaib, é uma depressão alongada e pouco profunda, limitada a oeste por uma planície baixa. Os leitos dos wadi contêm calhaus e seixos subarredondados de calcário e rochas siliciosas, misturados com areia calcária, silte e argila. Nas zonas entre wadi, o solo é constituído por uma fina camada de areia calcária, silte e argila de cor castanha-avermelhada. Os depósitos residuais dispersos em muitas partes das zonas inter wadi consistem em calcário e calhaus e seixos siliciosos revestidos de verniz do deserto castanho-escuro e preto. O chão das depressões pouco profundas está frequentemente coberto de lama calcária, que apresenta fissuras típicas da lama na estação seca. O Faidhat al Habbaria está parcialmente preenchido com cascalho e areia depositados pelas ribeiras. A vegetação natural é escassa e limita-se geralmente a vários tipos de gramíneas, embora se possam encontrar ocasionalmente pequenos arbustos onde o lençol freático é relativamente pouco profundo. Na primavera, as planícies aluviais dos grandes wadis e as depressões pouco profundas ficam cobertas de erva verde e de flores silvestres do deserto, como papoilas vermelhas e tremoços. A cultura do trigo seco é praticada, em pequena escala, nos lodaçais e nos leitos pouco profundos dos wadi. As depressões pouco profundas servem de locais de recolha das águas superficiais após as chuvas e a água permanece nelas enquanto se evapora ou se afunda no solo. Estas depressões são, por conseguinte, favoráveis à agricultura de sequeiro. A maior área de cultivo de trigo seco situa-se em Faidhat al Habbariya. A água subterrânea para uso doméstico no deserto do norte é bombeada de poços perfurados. A água de superfície proveniente de poças de chuva ou de depressões pouco profundas é utilizada durante o inverno. A água subterrânea ocorre em cascalho e areia de leitos de wadi, em fracturas e planos de assentamento em calcário e em formações porosas de arenito.

1.6.1.3.1 Hidroquímica das águas subterrâneas

A qualidade da água varia em cada poço escavado à mão. A maior parte dos poços tem cerca de 4 m de profundidade (o nível da água está 3 m abaixo da superfície, em cascalhos, areias e em leitos de calcário subjacentes aos wadi). A qualidade da água subterrânea é satisfatória, exceto em alguns locais onde a água tem um teor relativamente elevado de sais solúveis totais. A água subterrânea é produzida em poços pouco profundos a partir de cascalhos e areias de wadi, e em poços profundos a partir de calcário fracturado e arenito poroso. A quantidade de constituintes químicos varia consideravelmente entre poços em cascalho de wadi e poços em calcário fracturado. O teor total de minerais dissolvidos na água subterrânea dos poços varia entre 230 partes por milhão e 5.680 partes por milhão num poço profundo escavado à mão. O teor de sulfatos é superior a 500 partes por milhão e o teor de cloretos é superior a 500 partes por milhão. Alguns poços produzem água altamente mineralizada. Em geral, a água subterrânea encontra-se em formações rochosas, cascalho, areia, calcário e arenito. Estes tipos de rocha têm um efeito direto na qualidade da água que se encontra no interior da formação ou que se move através dela. As águas superficiais que passam sobre as formações rochosas dissolvem vários constituintes químicos e transportam-nos em solução para baixo, para a zona de saturação. A água subterrânea ocorre em fracturas, planos de assentamento e aberturas de solução dos leitos de calcário, em leitos porosos de arenito e em cascalhos de wadi. A água dos poços de Habbariya tem um teor total de sal solúvel de 1.465 partes por milhão. A água de Nukhaib, em Wadi al Ubaiyidh, tem um teor total de sais solúveis de 720 partes por milhão.

1.7 Vegetação natural nos desertos iraquianos

A vegetação natural dos desertos iraquianos adaptou-se fisiologicamente às condições do deserto. Algumas plantas têm sistemas de raízes laterais extensas para tirar partido da chuva ocasional, enquanto outras têm raízes profundas para alcançar a água sub-superficial. Por exemplo, a erva salgada implica que a água se encontra a cerca de 2 m de profundidade (Zohary, 1950, Yahia, 1971).

As faixas desérticas (ou pastagens, com menos de 200 mm de precipitação anual) e pastagens de estepe (ou pastagens de arbustos, com precipitação anual de 200-500 mm) no Iraque cobrem uma área de mais de 200000 km^2 de cerca de 46% da área total do Iraque, a sua elevação varia entre 100-1000 m.a.s.l. (Thalen,1979, Norman,2004).

A importância das pastagens naturais deve-se a:

1- As pastagens estão relacionadas com a produção animal que representa cerca de 45-50% da produção agrícola ou cerca de 12% do rendimento nacional do Iraque.

2- A sua importância na conservação da água e do solo, através da adição de matéria orgânica ao solo, desenvolve a estrutura do solo e, consequentemente, aumenta a sua estabilidade.

A densidade das plantas das pastagens naturais varia em função do clima comum (humidade e temperaturas), do tipo de solo das pastagens e da sua gestão. É evidente que, nas zonas secas, a densidade das plantas é menor, com poucas espécies, e os arbustos são os mais comuns nestas zonas. As pastagens naturais do Iraque distinguem-se pela sua baixa produtividade, especialmente nas zonas secas, onde uma unidade animal nestas áreas necessita de cerca de 34 dons de terra durante um ano.

As pastagens naturais dependem dos factores ambientais e do habitat, tais como

1-Factores climáticos tais como (luz, temperatura, humidade, precipitação e necessidade de água)

2- Factores fisiográficos que dependem da topografia, da elevação, do declive, da geologia e da latitude.

3- Factores edáficos ou factores de formação do solo, tais como (- condições climáticas, - material de origem, - vegetação, - topografia e relevo, - tempo, - humidade do solo, arejamento, tolerância à acidez e à salinidade alcalina, - textura do solo)

4- Factores bióticos tais como (simbiose, mutualismo, comensalismo, antagonismo, antibiose, exploração, parasitismo, predação e competição).

As pastagens começam após um curto período de tempo a partir do início da estação das chuvas. Por conseguinte, as pastagens precoces são um dos factores importantes da deterioração das pastagens. Na verdade, as pastagens naturais receberam algum desenvolvimento e atenção por parte do governo durante os anos setenta e oitenta do século passado, atenção essa representada pela adoção de uma forma científica de administração e gestão das pastagens naturais e pela criação do site e pelo aumento das pastagens naturais vedadas pelo Ministério da Agricultura. Mas o descuido preliminar com as pastagens naturais afecta o equilíbrio do sistema ecológico, aumentando a degradação da terra e a desertificação de uma boa pastagem no Iraque, que não pode ser reabilitada facilmente no futuro. Os pontos que se seguem são as dificuldades mais importantes que as pastagens naturais enfrentam no Iraque:

A- O fator humano

B- Factores climáticos

C- Recursos hídricos

D- Forragens de baixo crescimento

O fator humano: este fator é definido como a forma como as pessoas e os seus animais utilizam estas pastagens naturais, que é considerado como o fator de deterioração mais importante pelas seguintes razões

1- A relação inversa entre a densidade da vegetação natural e a produção com a intensidade dos animais.

2- Pastos primitivos

3- O corte e a destruição dos arbustos naturais e das ervas das pastagens pelos beduínos e pela população local para os utilizar como combustível durante os dias frios do inverno.

4- O cultivo do trigo e da cevada nas terras relativamente baixas e nos vales destas pastagens naturais que, ocasionalmente, não foram bem sucedidas, aumentando assim a degradação das terras e aumentando a densidade da vegetação natural impalatável e venenosa, como a Artemisea scoparia e o peganum harmala.

1.7.1 Vegetação natural nas zonas de Badias

Efémeras (anuais)

1- Plantas anuais, como as que pertencem aos génios: Geranium dissectum Astragalus, Hordeum, stipa, plantago coronopas malva parviflorum Trigonella, lotus, Hippocepis, medicago hispida, Erodium cictarim, plantageo ciliate M.rediata, matricaria aurea

2- Plantas com partes armazenadas que crescem depois da chuva, tais como poa bulbosa, P.sinaica carex stenophylla stipagrotis plumose Rununculus asciaticus

3- As plantas sazonais (estações do verão) têm como caraterística raízes profundas com rizomato, tais como: plantago brugueri, Hordeum bulbosum, sanguisorba minor, consinia spp.

4- Arbustos perenes, que são as plantas vivas durante todos os meses, sobretudo arbustos como Haloxylon salicornicum Aristida plumose, Aristida plumose, Artemisia herbaalba, Haloxylon articuatum, Achilea conferta para certos solos salgados há muitas plantas que aí crescem como Halocnemum strobilaceum , suaeda, cressa critica, Aleuropus lagopoides, Tamarix passerinoides, zygophllum coccineum .

Plantas das zonas subdesérticas

(a)- Hábito anual de crescimento

(b)- Órgãos de armazenamento de água, como Chenopodiaceae e Ires sisyrim - chium

(c)- Plantas de órgãos adaptados, como a zilla spinosa

(d)- Plantas de sistema radicular profundo, como a prosopis farcata e)- Plantas com elevada pressão de seiva, como a artemísia herba-alba

1.8 Dunas de areia no Iraque

As dunas de areia estão distribuídas por várias partes do Iraque (figura 8). Vastas áreas da planície aluvial fértil do sul do Iraque (cerca de 750 000 ha) são afectadas pelo movimento das dunas de areia. A origem de algumas dunas de areia do Iraque está relacionada com antigos sedimentos de aluvião na zona, como no centro do Iraque (cintura Wasit-Qadissaya-Dalmag) (Al-Farraji,1998). Pensa-se que os sedimentos das dunas de areia do deserto ocidental (cintura de Najaf-Samawa-Nasiriya) são transportados de formações geológicas e depósitos aluviais do rio Eufrates. O vento que sopra de noroeste com uma velocidade média de 3,4 m/s domina durante todo o ano. A formação de dunas de areia móveis é o pior aspeto da desertificação, devido ao impacto adverso no ambiente em geral e, em particular, ao seu efeito nas infra-estruturas de irrigação e drenagem e ao aumento da frequência de tempestades de areia e poeira graves. Os cumes largos das dunas de areia variam em altura de 7 a 30 m. São geralmente estáveis, embora numerosas dunas em forma de meia-lua que ladeiam o cume principal indiquem o movimento da areia pelo vento. As tempestades de areia e poeira no Iraque ocorrem principalmente na primavera, o que corresponde a metade da frequência total das tempestades de areia (particularmente a tempestade de areia grave e forte que ocorre na primavera). Em termos de meses em que ocorrem tempestades de areia, abril é o mês perigoso com uma frequência elevada, março e maio são os meses mais baixos e setembro é o mês com uma frequência mínima (Parsons, 1955).

As dunas de areia localizam-se sobretudo nas regiões centro e sul e são deslocadas pela força do vento. As tempestades de areia sopram dos campos de dunas nas regiões centro e sul. A sua incidência tem aumentado nos últimos anos. A localização dos principais cinturões de dunas de areia no centro e no sul do Iraque é representada por dois cinturões:

I. Troços entre as cidades de Wasit, Diwaniyah e Nasiriya, com mais de 50 km na planície da Mesopotâmia.

II. Troços entre Al-Nasiriya e Al-Basra no deserto do sul do Iraque, com mais de 30 km.

Figura 8: Localização das dunas de areia no Iraque (Al-Farraji, 1998).

1.9 Materiais e métodos

1.9.1 Análise climática: Dados de cerca de 69 estações meteorológicas que registam a precipitação e cerca de 44 estações meteorológicas que registam a evaporação no Iraque foram utilizados para representar a precipitação média anual e média mensal e a evaporação do Iraque (Iraqi Meteorological Organization, 2016).

1.9.2 Análise de tempestades de areia e poeira: As amostras de poeira foram recolhidas durante o período de março de 2007 a julho de 2010 em cidades do centro e do sul do Iraque, Figura 1. O número total de tempestades de poeira estudadas foi de 48 durante (2007-2010), 7 em 2007, 20 em 2008, 11 em 2009 e 10 em 2010, Tabela 1. As amostras foram recolhidas nos telhados dos edifícios (> 3 m da superfície terrestre) utilizando bacias de plástico de grande volume ou o ciclone, com 1,65 metros de altura, rodando o ar no interior do instrumento utilizando um motor elétrico para puxar e sugar o ar no interior do instrumento (Al-Dabbas, 2013).Os pesos das amostras recolhidas variaram entre 250 e 1500 g. O tempo de recolha variou, dependendo da duração de cada tempestade de areia, entre 8 h e mais de 24 h. Foram efectuadas as seguintes análises (nos laboratórios da Faculdade de Ciências - Universidade de Bagdade e nos laboratórios da Cidade Médica - Ministério da Saúde).

Quadro 1: As tempestades de poeira regionais estudadas sobre o Iraque para os anos (2007
2010)

N.º de tempestades de poeira	Data da poeira tempestade	N.º de tempestades de poeira	Data de tempestade de poeira	N.º de poeiras tempestades	Data de tempestade de poeira
1	17-3-2007	17	7-6-2008	33	17-6-2009
2	18-4-2007	18	15-6-2008	34	28-6-2009
3	11-5-2007	19	28-6-2008	35	2-7-2009
4	16-5-2007	20	1-7-2008	36	4-7-2009
5	8-7-2007	21	7-7-2008	37	29-7-2009
6	16-7-2007	22	11-7-2008	38	30-7-2009
7	7-9-2007	23	27-7-2008	39	22-2-2010
8	19-2-2008	24	30-7-2008	40	3-4-2010
9	3-3-2008	25	15-9-2008	41	4-4-2010
10	15-3-2008	26	24-9-2008	42	13-5-2010
11	30-3-2008	27	16-10-2008	43	14-5-2010
12	4-4-2008	28	17-2-2009	44	6-6-2010
13	17-4-2008	29	20-2-2009	45	23-6-2010
14	27-4-2008	30	27-2-2009	46	24-6-2010
15	16-5-2008	31	9-3-2009	47	19-7-2010
16	25-5-2008	32	9-6-2009	48	20-7-2010

1.9.3 Mapas geomorfológicos e de uso do solo: Os mapas geomorfológicos e de uso do solo foram preparados através de técnicas de classificação de imagens digitais utilizando dados de satélite melhorados. Foi utilizada uma combinação de bandas de vermelho, azul e verde para apresentar as imagens em bruto em composições de cores padrão. A combinação de bandas espectrais para a apresentação de imagens varia frequentemente consoante as diferentes aplicações. Isto foi necessário para a interpretação visual das imagens. Uma combinação de bandas de vermelho, azul e verde (RGB) é frequentemente utilizada para apresentar imagens em compósitos de cor padrão para cartografia da utilização do solo e da vegetação. Neste estudo, as imagens foram apresentadas numa combinação de bandas de 4, 3 e 2, que é um padrão para a interpretação visual da cartografia da vegetação (Al-Shugairy, 2005, Tarolli, et al, 2009, Lillesand et al, 2008, Sharun, et al, 2011). A contribuição mais significativa da teledeteção para a geomorfologia é a utilização de sensores passivos e activos para gerar dados de elevação da superfície, normalmente designados por DEM.

Pode ser utilizada uma variedade de técnicas para a modelação digital do terreno, incluindo a fotogrametria de imagem, a altimetria por radar ou laser e o radar interferométrico de abertura sintética. As aplicações fotogramétricas de imagens de satélite, incluindo os dados SPOT e ASTER, são normalmente utilizadas pelos cientistas. No caso das imagens SPOT, as perspectivas alternadas de múltiplas passagens de satélite permitem representações estereoscópicas, ao passo que o sistema ASTER se baseia em telescópios voltados para a frente e para trás para caraterizar a topografia através de uma caraterização combinada. Do mesmo modo, as imagens de radar e, especificamente, os dados SRTM (Shuttle Radar Topographic Mapping Mission) são amplamente utilizados para cartografia, como se pode ver na Figura 9. Os objectivos das missões SRTM e ASTER foram especificamente concebidos para produzir um produto global de dados DEM para facilitar os projectos de cartografia das ciências da Terra. Estes DEMs resultaram em muitos novos desenvolvimentos e na capacidade de automatizar a cartografia do relevo com base na utilização de parâmetros/índices geomorfométricos. Mais recentemente, os sistemas aéreos de alta resolução, de deteção de luz e alcance (LIDAR) e os sistemas terrestres de varrimento a laser podem gerar milhões de medições de pontos 3-D (Michael, et al., 2012).

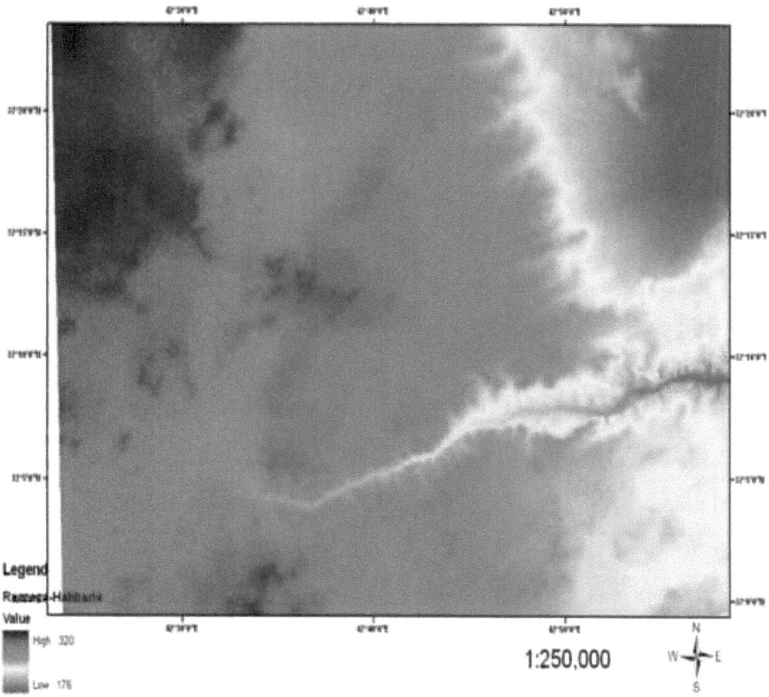

Figura 9: DEM de 3 segundos de arco da Shuttle Radar Topographic Mission (SRTM) para a área de estudo. A resolução de 90 m permite uma caraterização geomorfométrica relativamente exacta da região (Al-Shugairy, 2005).

Capítulo II

2. Clima do Iraque

2.1 Prefácio

O clima do Iraque é continental, quente e seco no verão e frio e húmido no inverno. As caraterísticas climáticas são as seguintes: temperaturas elevadas, uma diferença significativa entre as temperaturas quentes e frias durante o dia e a noite e entre o verão e o inverno e graus variáveis de precipitação, de mais de 1000 mm no Norte a menos de 100 mm no Sul. Existem duas grandes depressões meteorológicas que afectam o clima iraquiano e que são acompanhadas de precipitação no Iraque durante o inverno e a primavera. São elas:

(1)-A depressão mediterrânica que passa a oeste do Iraque. Esta depressão é responsável pela precipitação que se concentra nas regiões setentrionais e setentrionais do centro do Iraque.

(2)-A segunda depressão meteorológica é denominada depressão do Sudão, que parte do centro de África e do sul do Sudão e passa para oeste, para a Península Arábica e o Golfo Arábico, atingindo as partes meridionais e o sul das partes centrais do Iraque.

Por vezes, estas duas depressões afectam o Iraque ao mesmo tempo, pelo que se pode esperar uma precipitação intensa em todo o país.

2.2 A precipitação média anual no Iraque

A precipitação média anual no Iraque (figura 10) indica uma direção crescente do sul e do sudoeste para o norte do Iraque. Os resultados revelam igualmente que mais de 80% do Iraque recebe entre 100 e 300 mm, enquanto os restantes 20% recebem entre 300 e 800 mm. As curvas de nível das isoietas apresentam grandes espaços entre si, com uma inclinação baixa do sul e do oeste para o norte e o leste, até atingirem a curva de nível das isoietas de 300 mm, tornando-se depois mais próximas umas das outras, com uma inclinação crescente para norte e nordeste, até atingirem a curva de nível das isoietas de 1000 mm, que representa as linhas fronteiriças do Iraque, do Irão e da Turquia. Por conseguinte, a quantidade de precipitação no Iraque varia desde o extremo sul e sudoeste até atingir relativamente dez vezes o extremo norte e nordeste do Iraque. Mas mesmo a pequena quantidade de precipitação que cai nas partes ocidentais do Iraque, , continua a ser muito útil e essencial para a recarga das águas subterrâneas e para a sua acumulação nos Wadis após a construção de pequenas barragens de terra nos cursos dos wadis para a produção agrícola. A precipitação média anual em mm, em intervalos de dez anos, indica que houve uma diminuição notável em muitas estações durante os anos (1970-2005), o que reflecte a mudança climática regional, como se pode ver nas estações meteorológicas de Bagdade, Mossul, Basra e Rutba (Figura 11).

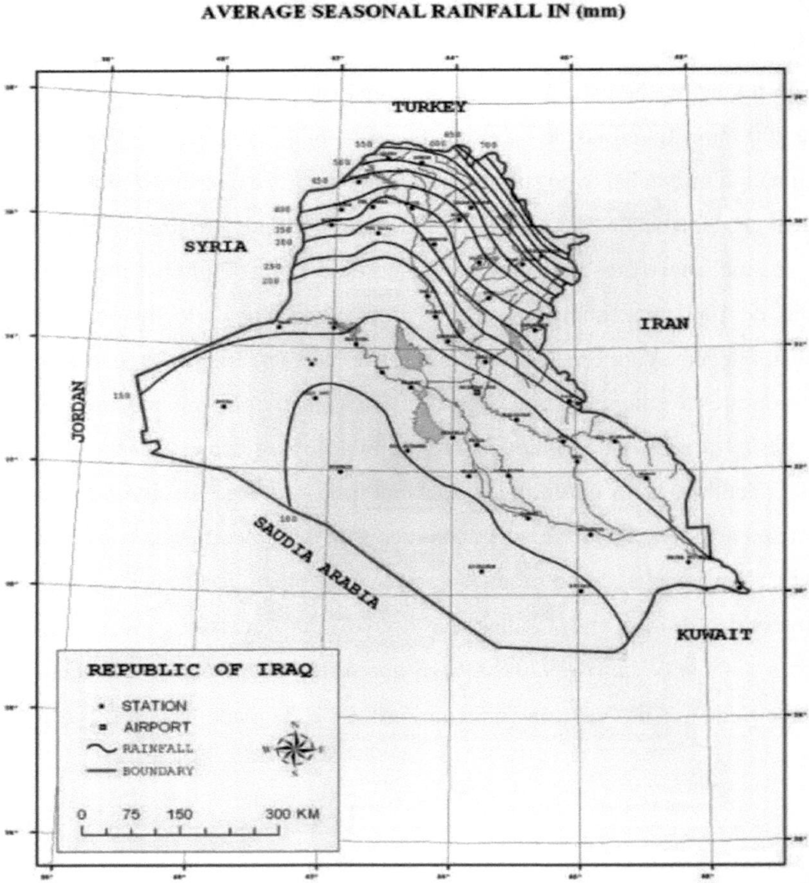

Figura 10: Precipitação média anual (em mm) no Iraque, para o período 19812011 (Segundo a Organização Meteorológica Iraquiana, 2016).

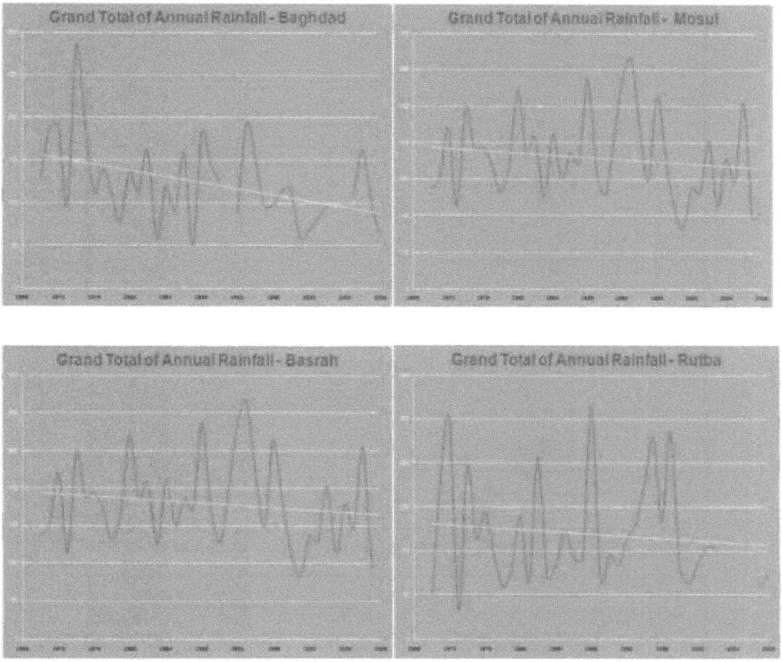

Figura 11: Precipitação média anual (em mm) das estações meteorológicas de Bagdade, Mossul, Bassorá e Rutba para o período 1970-2005 (após a análise do Iraque) Organização Meteorológica, 2016).

2.3 Valores médios da evaporação média no Iraque

Os valores médios da evaporação variam muito entre o norte (1200 - 1600 mm), o centro (cerca de 2300 mm) e as partes sul e oeste do deserto (3400 mm - 3700 mm) do Iraque (figura 12).

A secura é definida como a baixa precipitação que não é suficiente para a produção agrícola de inverno ou de verão. O valor da seca reflecte que 70% dos territórios iraquianos estão secos, o que é indicado a sul das curvas de nível do défice hídrico (figura 13).

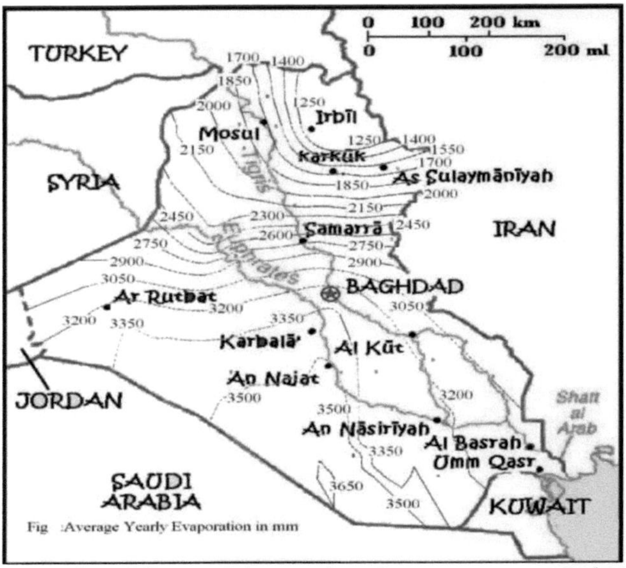

Fig :Average Yearly Evaporation in mm

Figura 12: Evaporação média anual (em mm) no Iraque, para o período 1981-2011.

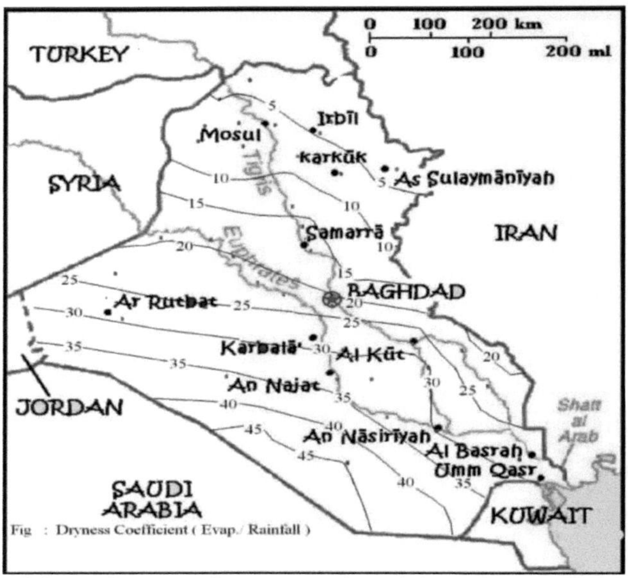

Fig : Dryness Coefficient (Evap./ Rainfall)

Figura 13: Coeficiente de secura (evaporação/ precipitação)

2.4 A precipitação média mensal

Em todo o Iraque, a estação das chuvas decorre de março a novembro. Na verdade, o fator que afecta o início e o fim da precipitação no Iraque é o início e o fim das depressões meteorológicas e climatológicas passageiras. Além disso, pensa-se que 50% da precipitação que cai no Iraque ocorre durante os meses de inverno, enquanto que os restantes 50% precipitam durante a primavera e o outono, tal como registado nas estações meteorológicas do Iraque. No entanto, durante os meses de outono (outubro e novembro), a precipitação é baixa em todas as estações meteorológicas, mas a precipitação registada nas estações meteorológicas do Norte e do Nordeste é relativamente mais elevada do que nas estações do Centro e do Sul do Iraque. Além disso, a precipitação aumenta de intensidade durante os meses de inverno, atingindo o seu máximo em janeiro. A precipitação média mensal do Iraque é apresentada nas figuras 14 a 21.

Figura 14: Precipitação média mensal em mm (outubro)

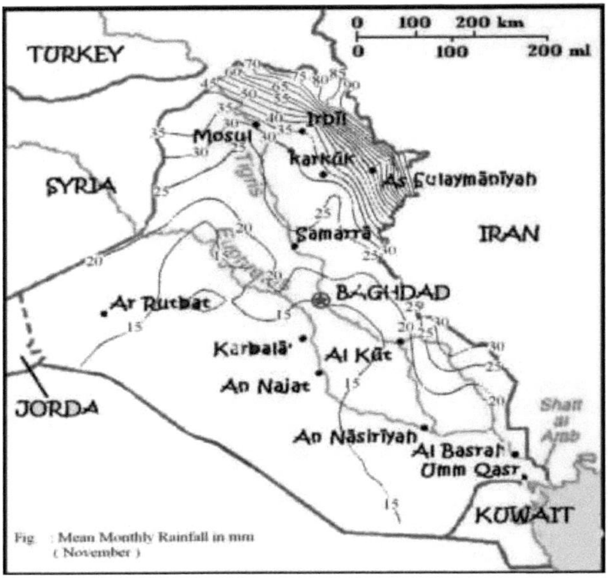

Figura 15: Precipitação média mensal em mm (novembro)

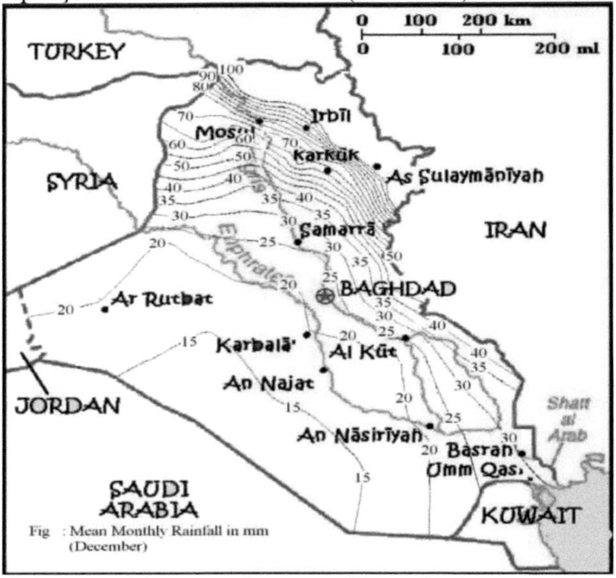

Figura 16: Precipitação média mensal em mm (dezembro)

Fig : Mean Monthly Rainfall in mm (January)

Figura 17: Precipitação média mensal em mm (janeiro)

Fig : Mean Monthly Rainfall in mm (Feb)

Figura 18: Precipitação média mensal em mm (fevereiro)

Fig :Mean Monthly Rainfall in mm (March)

Figura 19: Precipitação média mensal em mm (março)

Fig : Mean Monthly Rainfall in mm (April)

Figura 20: Precipitação média mensal em mm (abril)

Figura 21: Precipitação média mensal em mm (maio)

2.5 A evaporação média mensal

É óbvio que a evaporação média mensal aumenta durante os meses de verão devido à temperatura elevada, ao céu limpo, que tem um efeito direto, e à maior atividade dos raios solares, que se intensificam durante o dia, atingindo mais de 14 horas por dia. A evaporação média mensal do Iraque é apresentada nas Figuras 22 a 33.

Figura 22: Evaporação média mensal em mm (outubro)

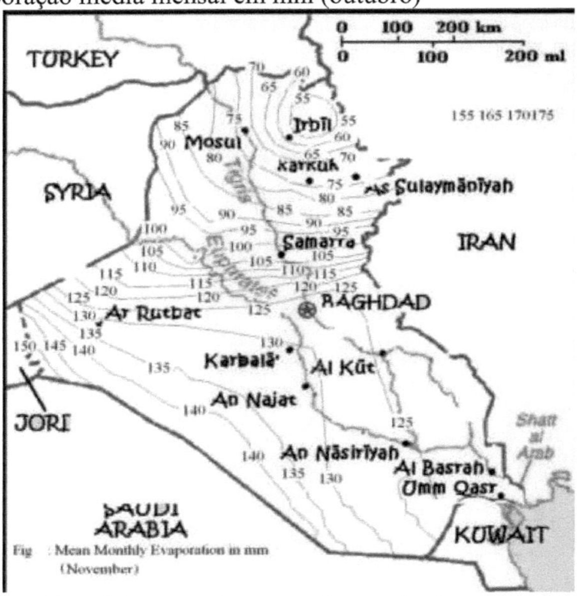

Figura 23: Evaporação média mensal em mm (novembro)

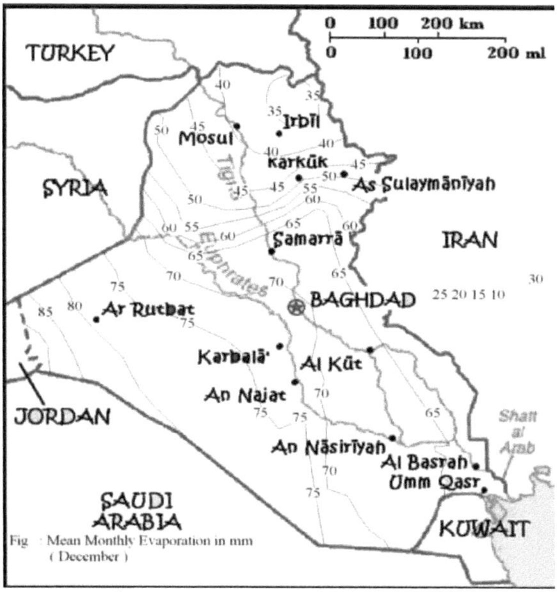

Figura 24: Evaporação média mensal em mm (dezembro)

Figura 25: Evaporação média mensal em mm (janeiro)

Figura 26: Evaporação média mensal em mm (fevereiro)

Figura 27: Evaporação média mensal em mm (março)

Figura 28: Evaporação média mensal em mm (abril)

Figura 29: Evaporação média mensal em mm (maio)

Figura 30: Evaporação média mensal em mm (junho)

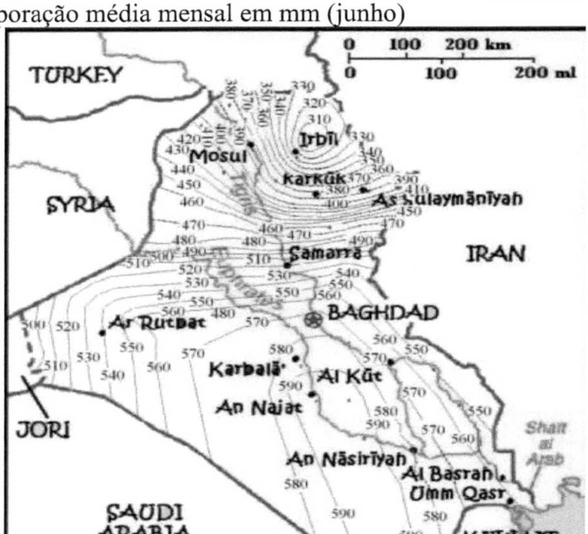

Figura 31: Evaporação média mensal em mm (julho)

Figura 32: Evaporação média mensal em mm (agosto)

Figura 33: Evaporação média mensal em mm (setembro)

Capítulo III

3. Tempestades de areia e poeira

3.1 Prefácio

Uma tempestade de areia e/ou poeira (SDS) é um fenómeno meteorológico comum em regiões áridas e semi-áridas. As tempestades de areia e poeira são um problema persistente no Iraque e na região do Médio Oriente (Figura 1). A frequência da ocorrência aumentou drasticamente na última década e está a aumentar continuamente. O evento regional estende-se geralmente para fora do território iraquiano, em diferentes direcções, mas abrange geralmente parte da Síria, atravessando o território iraquiano em direção ao Kuwait e à Arábia Saudita, e/ou em direção ao Golfo Arábico, e estende-se menos frequentemente ao Irão (Boloorani, et al., 2012, Sissakian, et al., 2013). Os desafios ambientais na região incluem a escassez de água, a exposição excessiva a fenómenos meteorológicos extremos e a desertificação, que são as principais razões para a redução da produtividade das culturas, a diminuição da disponibilidade de água e o aumento da frequência das tempestades de poeira e da seca. As alterações climáticas são uma das principais razões subjacentes ao desenvolvimento de tempestades de areia e poeira, especialmente a diminuição drástica da taxa anual de precipitação, para além das alterações ambientais, como a secagem dos pântanos, a degradação dos solos e a desertificação. O ar muito seco permite um aquecimento intenso e agrava a desertificação (JAPU .Joint Analysis and Policy Unit, 2011, Kobler, 2013). As alterações climáticas globais e o projeto GAP na Turquia estão a contribuir para a escassez de água no Iraque (Sissakian, et al., 2013). A área registou enormes alterações na temperatura média anual e a queda de chuva ocorreu, o que resultou no número de tempestades de poeira anuais no Iraque. O número máximo de tempestades de poeira anuais durante 1951-1990 foi de cerca de 24 dias/ano, enquanto o número previsto de tempestades de poeira anuais durante 2013 é estimado em 300 dias (Kobler, 2013). Devido à diminuição da precipitação anual, a superfície do solo perdeu a sua cobertura vegetal, que durava alguns meses. A remoção da cobertura vegetal contribuiu para o afrouxamento da cobertura superior do solo, levando consequentemente ao desenvolvimento de partículas de argila e areia. Estas partículas entraram em ação durante o sopro do vento, provocando tempestades de areia e poeira. Outra razão para a deficiência de água e a seca é a construção de barragens na Turquia, no Irão e na Síria, que diminuíram o fluxo anual de água nos rios Tigre e Eufrates e nos seus afluentes (Al- Ansari, 2013). Além disso, a secagem dos pântanos antes de 2003 e os obstáculos encontrados para os restaurar é outro fator que contribui para a geração destas tempestades (Sissakian,et al, 2013). Isto levou a uma enorme diminuição das terras agrícolas, que se transformaram em terras secas e contribuíram para a desertificação, aumentando assim os fenómenos de SDS, devido à desintegração das partículas do solo e ao facto de o vento contribuir para o aparecimento de SDS. Por conseguinte, a maior parte do território iraquiano transformou-se em zonas de potencial muito elevado de tempestades de poeira, exceto uma pequena parte no extremo nordeste, onde apresenta um potencial moderado de tempestades de poeira. Devido ao seu clima quente e seco, as zonas desérticas cobrem mais de 60% do Iraque. Os solos destas regiões áridas e semi-áridas são susceptíveis de serem levantados para a atmosfera se os ventos forem superiores à velocidade de fricção do vento, provocando tempestades de poeira. A construção de novas barragens que alteram o caudal dos rios Tigre e Eufrates e dos seus afluentes, a drenagem de pântanos durante a década de 1990 na parte inferior da bacia da Mesopotâmia por razões políticas, económicas e militares, as práticas agrícolas inadequadas, a intensificação das culturas, o aumento das estradas sujas, especialmente desde o final da década de 1970, as acções militares e outras alterações na utilização dos solos podem afetar a variabilidade das emissões de poeiras, contribuindo para reduzir a cobertura vegetal, aumentar a desertificação e facilitar a suspensão das poeiras (Al-Ansari, 2013). Uma tempestade de areia e/ou poeira (SDS) é um fenómeno meteorológico comum em regiões áridas e semi-áridas. As partículas de poeiras minerais naturais das regiões áridas e semi-áridas da Terra podem ser levantadas para a atmosfera se a velocidade do vento for superior à velocidade de fricção do vento, que depende do tipo de solo e da presença de elementos de rugosidade sobre a superfície erodível. As tempestades de areia típicas só atingem alturas até 15 m, contêm partículas de areia com tamanhos médios entre (0,15 - 0,30) mm, têm velocidades do vento superiores a 14 Km/h e duram enquanto a velocidade do vento persistir. Quando o vento atinge uma velocidade crítica, os grãos de areia começam a rolar para a frente ao longo da superfície do solo (Wikipedia, 2009, Al- Ansari, 2013, UNESCO, 2013). Ao contrário do que acontece nas tempestades de areia puras, as partículas de poeira são suficientemente pequenas para serem levantadas pelas correntes de ar turbulento e levadas em suspensão. Ironicamente, porém, a investigação demonstrou que o vento não costuma apanhar partículas de poeira com menos de 0,05 mm de diâmetro ao longo de muitas superfícies completamente lisas. As correntes descendentes verticais de ar frio durante as trovoadas podem atingir localmente o solo com velocidades de (40 - 80) km/h. Nestas condições, as partículas finas podem também ser arrastadas para cima, a centenas ou milhares de metros de altura. A altura média de uma tempestade de poeira é de (1000 - 2000) m e as tempestades mais fortes levam a poeira até (2750 - 3500) m. A neblina e a poeira com tempestades extremas foram documentadas até (10.000 - 12.500) (Goldman, 2003).

A diferença entre as tempestades de areia e as tempestades de poeira reside no tipo de partículas levantadas pelos ventos, que depende do tipo de solo. O termo tempestade de areia é normalmente utilizado no contexto do deserto ou de locais onde a areia (partículas com diâmetros médios entre 2,0 e 0,06 mm) predomina sobre outro tipo de solos. Nas tempestades de areia, para além das partículas finas, as partículas grandes de areia são sopradas para mais perto da superfície, normalmente a uma altura não superior a 15 m. O termo tempestade de poeira é utilizado para os episódios de poeira em que as partículas mais finas (partículas de silte e argila com diâmetros médios inferiores a 0,06 mm), que podem percorrer longas distâncias, são levantadas para a atmosfera.

3.2 Caraterísticas das tempestades de areia e poeira

A tempestade de areia e poeira é um fenómeno grave de vento e areia que traz partículas de areia e sedimentos de poeira para o céu e torna o ar turvo (a visibilidade do horizonte é inferior a 1 km). Por tempestade de areia entende-se a forte tempestade de vento com força 8 (escala de Beaufort) que arrasta grandes quantidades de partículas de areia da superfície para o ar. A tempestade de poeira refere-se à forte tempestade de vento que transporta poeira e que lança grandes quantidades de poeira e outros grãos finos na atmosfera. Terminologicamente, diferentes países ou regiões designam a tempestade de areia e poeira de forma diferente; por exemplo, é chamada Haboob em África e nos países árabes. Em geral, são adoptados dois indicadores, a velocidade do vento e a visibilidade, para classificar o grau de intensidade das tempestades de areia. Por exemplo, as tempestades de areia foram classificadas como tempestades de areia fortes e tempestades de areia graves e fortes. Quando a velocidade do vento é de 50 metros por segundo (m/s) e a visibilidade é inferior a 200 metros, a tempestade de areia é designada por tempestade de areia forte. Quando a velocidade do vento é de 25 m/s e a visibilidade é de 0-50 metros, a tempestade de areia é designada por tempestade de areia grave.

Durante o processo de tempestade de poeiras de areia, a concentração de vários elementos das partículas de areia e poeiras é bastante diferente. Os resultados da análise de muitas investigações mostram que a concentração de elementos superior a 500 ppm contém Al, Fe, K, Mg, S, P, Ti, Na. A concentração de elementos superior a 100-500 ppm contém Mn, Ba e V. A concentração de elementos superior a 1-100 ppm inclui Zn, Ni, Pb, Cr, Co e Cd. Por conseguinte, os elementos presentes no aerossol de poeiras de areia provêm de fontes naturais.

3.3 Tempestades de areia e poeira no Iraque

O tempo de vida de uma tempestade de poeira varia de uma a várias horas, sendo que as partículas de poeira com menos de um mícron de diâmetro permanecem a flutuar no ar durante vários dias. As partículas de poeira são de forma e tamanho irregulares, variando entre cerca de 100 microns e talvez 0,05 microns, com um máximo na ordem de poucos microns. A concentração e a distribuição do tamanho dependem do tipo de solo e das condições atmosféricas. Estas partículas de poeira são constituídas principalmente por partículas de argila, sal, areia e matéria orgânica. Podem atingir três mil metros de altura em casos extremos de turbulência e instabilidade do vento, mas no Iraque raramente ultrapassam um quilómetro, devido à presença de inversões de temperatura que variam entre 150 m no inverno e 500 m no verão (quadro 2). Podem também transportar um espetro de bactérias e vírus. Existe uma língua superficial de baixa pressão que se estende sobre o Iraque, trazendo ventos de sudeste na primavera e ventos de noroeste no verão, quando o eixo desta língua se desloca de oeste para leste do país. O ar superior nas superfícies de pressão de 200 mb ou 300 mb mostra uma corrente de jato subtropical bem formada, com ventos superiores a 100 nós no seu núcleo, cuja orientação geral é de S.W. para N.E.

As tempestades de poeira no Iraque estão fortemente relacionadas com a direção e a velocidade do vento. Na zona central do Iraque, verificou-se que os ventos que sopram em situações de tempestades de poeira são principalmente de N.W. em 53% dos casos e de S.E. em 28% dos casos. É de esperar que assim seja, uma vez que o vento predominante em maio, junho e agosto é principalmente de N.W. e em janeiro, fevereiro e março é principalmente de S.E. Em abril, contudo, o vento é principalmente de S.E. e de S.E. Também as tempestades de poeira estão relacionadas com a velocidade do vento. São observadas com velocidade do vento superior a 10 nós em 73% dos casos e principalmente na gama de 11-20 nós (46,4%). Também se espera que as tempestades de poeira diminuam na estação das chuvas no Iraque, mas o coeficiente de correlação para o Iraque central tem uma média de 0,5, o que indica que as tempestades de poeira devidas a efeitos locais são poucas e que as tempestades de poeira dominantes no verão não são fortemente influenciadas pela estação das chuvas, ao contrário do que se esperava. Um estudo de 30 anos da distribuição das tempestades de poeira no Iraque mostra dois centros de frequência máxima de tempestades de poeira, um centrado a oeste de Basrah, no sul do Iraque, e o segundo centrado a oeste de Bagdade, o que sugere que as principais fontes de poeira são a parte sul do deserto ocidental e, em menor grau, a parte norte do deserto ocidental. Além disso, a região setentrional está praticamente isenta de tempestades de poeira, com uma média máxima de 0,5 tempestades de poeira em maio e outubro, ao passo que as regiões central e meridional são zonas atingidas pela poeira ao longo de todo o ano, especialmente na parte central do Iraque, de fevereiro a agosto, com um máximo em julho. De facto, as principais fontes de poeira não são de origem local, mas sim dos desertos do oeste e do sul.

3.4 Tipos de tempestades de areia e poeira

No Iraque, ocorrem dois tipos de ventos: sharqi e shamal. Os Sharqi são ventos secos de sul ou sudeste, que provocam frequentemente tempestades de poeira. Ocorrem durante o verão, principalmente de abril a junho e também de finais de setembro a novembro. Os ventos Shamal ocorrem de meados de junho a meados de setembro, vindos de norte e noroeste. Estes tipos de vento podem durar três a cinco dias no inverno ou quase diariamente no verão, sendo mais fortes durante o dia e menos intensos à noite (Al-Dabbas, et al., 2011, 2012 e 2013). Consequentemente, destacam-se dois tipos de tempestades de poeira, as shamals e as haboobs, embora também ocorram tempestades de poeira frontais. As tempestades de poeira shamal são causadas pelos ventos do norte; ocorrem no verão, de meados de junho a meados de setembro, e durante o inverno, de finais de setembro a novembro. Dependendo da estação, as suas caraterísticas são bastante diferentes devido a processos dinâmicos específicos. As tempestades de poeira de Shamal são as mais graves, tanto em termos de extensão horizontal como vertical, no Iraque, e ocorrem reduções extremas de visibilidade até 0 m durante alguns eventos de inverno.

Quadro 2: Precipitação média anual, temperatura, tempestades de poeira e índice de secura para a província do Iraque (Atlas Climatológico do Iraque, 2000).

Governadorado	Média anual Precipitação (mm)	Temperatura média anual (°C)	Média anual de tempestades de poeira (dias)	Índice de secura
Bagdade	150 -200	23	12	20 -25
Mossul	300 -600	18 -20	1 -4	5 -10
Basra	75 -150	24	8 -24	15 -20
Erbil	400 - ≥ 800	≤ 16-19	1 -4	≤5
Sulimaniya	500 - ≥ 800	≤ 16-18	1 -2	≤5
Dohuk	600 - ≥ 800	18	1	≤5
Kirkuk	200 -400	20 -22	2 -4	5 -10
Salah Al-Deen	100 -300	22 -23	4 -12	10 - 20
Diyala	150 - 450	23	4 -12	15 -20
Anbar	≤75-150	18 -22	4 -8	20 -35
Wasit	150 -200	23	2 -6	20 -25
Misan	150 -200	23	2 -8	15 -25
Babil	100 -150	23	10 -12	25 -30
Karbala	75 -100	22 -24	8 -12	30 -35
Najaf	75 -100	22 -24	8 -12	30 -35
DhiQar	100 -150	24	6 -12	20 -30
Qadisiya	100 -150	23 -24	6 -24	25 -30
Al-Muthana	≤75-100	24	12 -24	25 -35

Um pequeno número de tempestades de poeira shamal não é causado por sistemas frontais, mas pelo afunilamento de massas de ar muito frias provenientes da Turquia ou da Síria em direção à zona sul do vale do rio Tigre/Eufrates no Iraque e também sobre o Golfo.

Os haboobs são fortes tempestades convectivas de poeiras de areia que reduzem drasticamente a visibilidade, frequentemente para menos de 200 m. Ocorrem no final do outono e na primavera e são difíceis de monitorizar e prever devido às suas curtas escalas temporais e espaciais. As extensões espaciais dos haboobs não ultrapassam geralmente os 100-150 km. No Iraque, este tipo de tempestades de poeira está associado a trovoadas, que geram ventos descendentes que resultam em paredes gigantes de poeira com alturas médias de 1,5 a 2,5 km. Existem três tipos de tempestades de poeira frontais: Pré-frontais, pós-frontais e linhas de cisalhamento. As tempestades de poeira pré-frontais são as causadas pelos ventos sharqi do sul. Estas tempestades de poeira ocorrem devido ao movimento de áreas de baixa pressão através de uma área que inclui a Jordânia, Palestina, o norte da Península Arábica, o Iraque e o oeste do Irão. A velocidade dos ventos sharqi é inferior à dos ventos shamal.

As tempestades de poeira pós-frontais ocorrem durante o inverno, quando os ventos do norte ou do noroeste, em condições de shamal, sopram na parte de trás de uma frente fria que atravessa as zonas de origem das poeiras. As tempestades de poeira frontais causadas por linhas de cisalhamento são frequentes no inverno em toda a Península Arábica e no Mar Vermelho, mas este não é um tipo de tempestade de poeira comum no Iraque. A frequência da ocorrência de tempestades de areia e/ou poeiras (enquanto fenómeno meteorológico) aumentou drasticamente na última década e continua a aumentar (figuras 34 e 35).

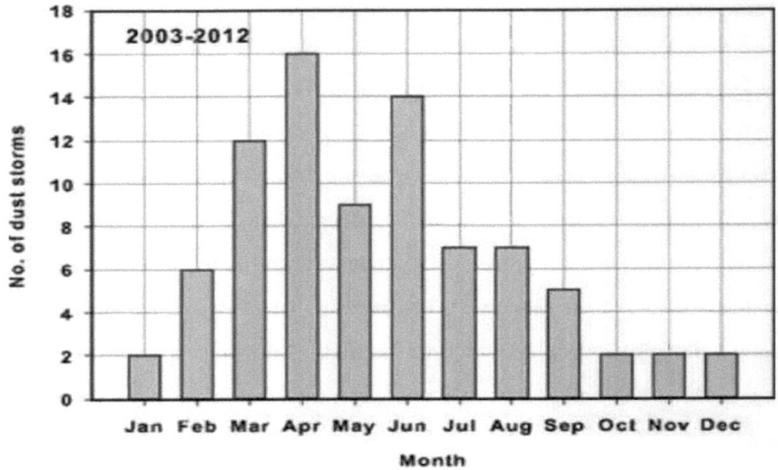

Figura 34: Número de tempestades de poeira por mês no Iraque no período 2003-2012(Al-Jumaily and Ibrahim, 2013)

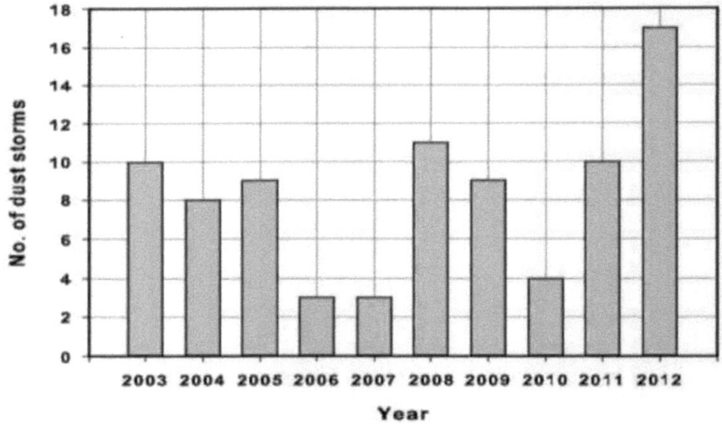

Figura 35: Número total anual de tempestades de poeira no Iraque (Al-Jumaily e Ibrahim, 2013).

3.5 Tempestades de areia e poeira Fontes de pontos quentes

De acordo com Boloorani, et al., 2012 e Alonso-Pérez, et al., 2013, foram reconhecidas três fontes principais de pontos quentes de poeira (Figuras 36):

1. A zona de Jazera: Esta zona localizada no noroeste do Iraque e no leste da Síria foi especificada como a principal fonte de tempestades de poeira.
2. As fronteiras do Iraque e da Jordânia com a Síria: representam partes do

deserto ocidental do Iraque , partes dos desertos orientais da Jordânia e da Síria.

3. A planície mesopotâmica do Iraque.

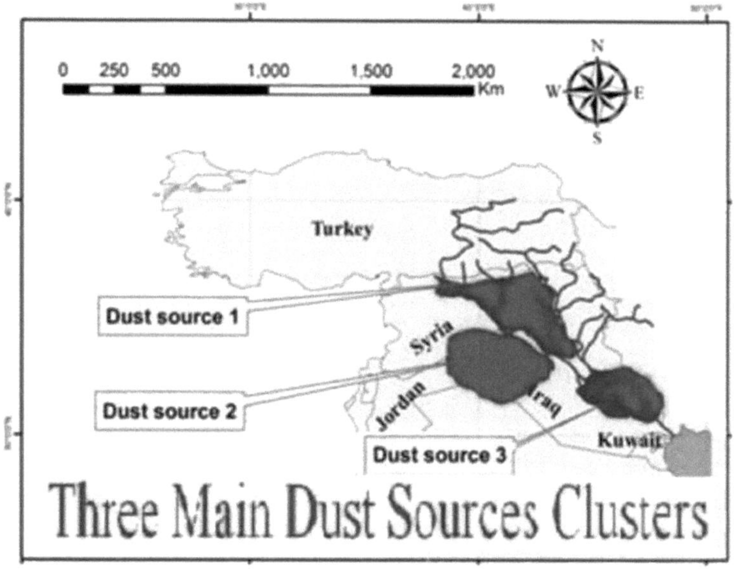

Figura 36: Tempestades de poeira de areia (SDS) Fontes de pontos quentes (segundo Boloorani, et al., 2012 e Alonso-Pérez, et al., 2013)

3.6 Os efeitos das tempestades de areia e poeira na saúde e a sua composição química e mineralógica:

Os efeitos das partículas atmosféricas na saúde têm sido avaliados através de estudos epidemiológicos desde a década de 1980, mostrando

que existe uma relação clara entre as concentrações de partículas e o número de mortes e hospitalizações diárias devidas principalmente a doenças respiratórias e cardiovasculares. Os efeitos das poeiras minerais incluem a causa e o agravamento de doenças respiratórias e cardio-respiratórias (asma, rinite alérgica, doenças pulmonares obstrutivas crónicas graves, insuficiência cardíaca e doença cardíaca, fibrose, cancro do pulmão e cancro da pleura), devido aos microrganismos que transportam (como bactérias, fungos, esporos, vírus e pólen) e às suas partículas com arestas vivas. Os produtos químicos tóxicos, as bactérias e os fungos também podem contaminar as poeiras, pelo que estes produtos químicos e microrganismos também podem afetar negativamente a saúde das pessoas quando depositados na pele, ingeridos ou inalados (Al-Dabbas, et al., 2011, 2012 e 2013). De acordo com Al-Dabbas, et al., 2011, 2012, 2013, a análise granulométrica indica que 72% das amostras eram areno-argilosas e 28% silte areno-argiloso. 80% dos grãos de quartzo eram subarredondados, enquanto os restantes 20% eram arredondados. A análise por difração de raios X revela que as amostras de poeiras eram compostas por quartzo, feldspatos e calcite, com uma pequena quantidade de gesso. Foram também identificadas nas amostras clorite, ilite, montmorilonite, palygorskite e caulinite, todas elas pertencentes ao grupo dos minerais argilosos. A análise da concentração de metais pesados tóxicos nas amostras de poeiras reflecte que muitos deles, como Pb, Ni, Cd, Fe, Cu, Co e Zn, estão de acordo com outros estudos de concentração de metais pesados em solos, dunas de areia e tempestades de poeiras. Os resultados relativos ao teor de pólen indicam que o pólen mais comum nas amostras foi o de Chenopodiaceous, seguido, por ordem decrescente, de Gramine, Pine, Artemisia, Palmae, Olea e Typha, como mostram as figuras 37 e 38.

Figura 37: Micro espinha nas amostras estudadas de tempestades de poeira de Bagdade, (relativamente pequena com 18 a 25 μm) (Al-Dabbas, et al, 2012).

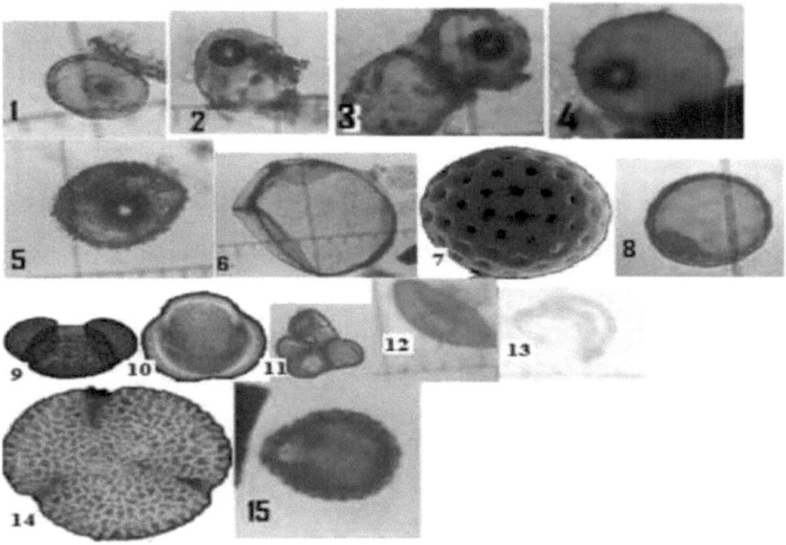

Figura 38: (1-5),Graminea cultivada .6-Graminea selvagem, (7-8)- Chenopodea,9-Pinus bisacate, 10- Artemisia,11- Typha,(12-13)- Palmae,(14- 15)-Olea (Al-Dabbas, et al,2012).

3.7 Os efeitos das tempestades de areia e poeira na visibilidade horizontal:

As principais razões para o aumento da ocorrência de SDS são as alterações climáticas e a disponibilidade de água nos dois principais rios, Tigre e Eufrates e seus afluentes. As consequências das alterações drásticas da precipitação média anual, da temperatura e da quantidade de água disponível nos rios fizeram aumentar as terras secas e estéreis, não só em todo o território iraquiano, mas também nas zonas circundantes. As tempestades de poeira provocam a perda de solo das terras secas, para além da redução da visibilidade que afecta os transportes aéreos e rodoviários; a redução da luz solar que chega à superfície; o aumento da formação de nuvens que aumenta o efeito de manta térmica e os efeitos para a saúde humana da respiração da poeira (Wikipédia, a Enciclopédia Livre, 2009, Akbari, 2011).

A visibilidade horizontal é uma medida da distância máxima a que um objeto ou uma luz podem ser claramente discernidos. A degradação da visibilidade é principalmente atribuída à dispersão e absorção da luz visível por partículas com diâmetros inferiores a 2,5 µm. A visibilidade horizontal pode ser utilizada como um indicador para definir a ocorrência de episódios de poeira, de forma mais fiável em áreas dominadas por poeira e em condições de tempestade de poeira (Alonso-Pérez, et al., 2013).

3.8 Classificação das tempestades de areia e poeira de acordo com a visibilidade:

O protocolo da OMM estabelece quatro categorias nas quais um evento de poeira pode ser classificado de acordo com a visibilidade:

Névoa de poeira ou poeira em suspensão: poeira generalizada homogeneamente suspensa na atmosfera. Estas partículas não foram levantadas perto da estação ou no momento da observação, mas a uma distância considerável ou a partir do solo por um evento de poeira que ocorreu antes do momento da observação. A visibilidade não é geralmente superior a 10 km.

Poeira soprada: as visibilidades horizontais variam de 1 a 100 km, o que indica a presença de poeira eólica. A poeira ou areia foi levantada no momento da observação.

Tempestade de poeira: visibilidades horizontais inferiores a 1000 m e superiores a 200 m. Grandes quantidades de partículas de poeira foram levantadas por ventos fortes.

Tempestade de poeira severa: visibilidades horizontais inferiores a 200 m. Grandes quantidades de partículas de poeira foram levantadas por ventos muito fortes.

De acordo com Alonso-Pérez, et al., (2013), foram utilizadas dezassete estações para o estudo da visibilidade no Iraque, tendo em conta o corredor de poeiras que atravessa o Iraque de noroeste a sudeste. Foram aplicadas medições a longo prazo para analisar a variação temporal dos dados de redução da visibilidade no Iraque, tendo sido estudadas em cada estação as percentagens de frequência anual e mensal dos registos de poeiras em suspensão e de tempestades de poeiras. As frequências para cada um destes dois tipos de episódios de poeiras foram calculadas contando o número de dias registados como episódios de poeiras, dividido pelo número total de dias, e convertendo depois o resultado numa percentagem. Embora a maioria das estações tenha registos de visibilidade a longo prazo, a maior parte das séries de dados não são contínuas.

Capítulo IV

4. Análise de técnicas de deteção remota

4.1 Prefácio

A urbanização, a conversão de outros tipos de terra para usos associados ao crescimento das populações e da economia, é um dos principais tipos de alteração do uso e ocupação do solo na história da humanidade. Tem um grande impacto no clima. A diferença de temperatura entre as zonas urbanas e rurais está a aumentar vários graus com condições urbanas, topográficas e meteorológicas especiais. Os dados de satélite são úteis para fornecer informações sobre a ocupação do solo, bem como sobre a sua utilização. As informações sobre a temperatura de brilho obtidas a partir de dados de satélite, juntamente com dados simultâneos sobre a utilização/cobertura do solo, são muito úteis para compreender as condições da superfície de vastas áreas. No Iraque, os padrões de utilização/cobertura do solo sofreram uma alteração fundamental devido à expansão acelerada ao longo do tempo. Assim, é necessário avaliar o impacto ambiental da rápida expansão urbana. Para selecionar a área de estudo de amostragem em todas as diferentes regiões fisiográficas do Iraque, foi escolhida uma imagem de satélite MERIS (ENVISAT) que cobria a vasta área como vista sinóptica e classificada de acordo com a classificação europeia de dados ISO. Foi utilizada uma classificação não supervisionada e a imagem foi classificada de acordo com o agrupamento espetral da imagem. De acordo com o resultado da classificação, foram indicadas as classes de usos do solo e unidades geomórficas existentes. A partir da classificação não supervisionada acima referida, foram selecionadas áreas de estudo de casos de amostra para uma análise detalhada em Rahalyia, Shathatha e Al-Habbaria. Além disso, foram recolhidos dados de satélite sobre a região do Médio Oriente nos últimos vinte e cinco anos para analisar as alterações ambientais regionais. Além disso, para produzir classificações rápidas da utilização e da cobertura do solo e para estimar as propriedades da superfície terrestre, como a densidade da vegetação, a temperatura e a evapotranspiração, entre outras. A deteção remota consiste na deteção, recolha e interpretação de dados à distância através de sensores. Os sensores medem a reflexão das radiações electromagnéticas a partir das caraterísticas da superfície terrestre. A energia da radiação é transmitida através do espaço em forma de onda e é definida pelo comprimento de onda e amplitude ou oscilação. O espetro eletromagnético vai desde os raios gama, com um comprimento de onda inferior a 0,03 nm, até à energia radioeléctrica, com um comprimento de onda superior a 30 cm. Na deteção remota aplicada a levantamentos de recursos terrestres, são normalmente utilizados comprimentos de onda entre 0,4 e 1,5 mm.

A utilização da tecnologia de varrimento multiespectral (MSS) para o levantamento dos recursos naturais diz respeito às imagens obtidas pelos Landsat MSS/TM (Thematic Mapper) e Spot. O tipo e a variação das imagens dependem dos scanners electrónicos, que registam as radiações reflectidas em bandas separadas. O Landsat oferece uma gama muito mais ampla de bandas (diversidade espetral) do que o SPOT, o que melhora a deteção das caraterísticas da superfície. Ambos os tipos de classificação, não supervisionada e supervisionada, foram utilizados para a identificação correta da salinidade, principalmente a nível regional. As bandas 3, 4 e 5 do MSS são recomendadas para a deteção de sal, para além das bandas 3, 4, 5 e 7 do TM. De facto, verificou-se que o TM é uma ajuda valiosa para a cartografia do solo em zonas áridas, para além da análise de componentes principais das bandas 1, 2, 3 e 4 do Landsat MSS na delimitação de solos afectados pelo sal.

4.2 Utilização de técnicas de deteção remota para produzir cartografia geomorfológica e de uso do solo da área de Razzaza- Habbaria

A geomorfometria é a ciência da quantificação e da análise da superfície terrestre. É fundamental para a geomorfologia quantitativa e é considerada uma disciplina. Foram apresentados vários aspectos da geomorfometria específica e geral. Em geral, a geomorfometria aborda questões de: 1) amostragem de atributos de superfícies terrestres; 2) geodésia, modelação digital do terreno e geração de DEMs; 3) avaliação de erros e pré-processamento de DEMs; 4) geração de parâmetros, índices e objectos de superfície terrestre; e 5) produção de informação geomórfica e resolução de problemas usando parâmetros e objectos. Cada aspeto da geomorfometria representa uma subdisciplina de investigação e contribui significativamente para o

desenvolvimento de ferramentas de software e de tecnologia geoespacial (Michael, et al, 2012). A disciplina da geomorfologia é rica em teoria e conceitos relacionados com o tempo, os processos, os sistemas e as formas de relevo. Por outras palavras, a capacidade de prever as entidades espaciais resultantes de factores forçantes, processos e evolução poligénica é essencial. Atualmente, todos os processos de planeamento do uso do solo na maioria dos países baseiam-se em unidades geomorfológicas. As unidades geomorfológicas são dinâmicas por natureza, uma vez que são afectadas por várias actividades humanas, incluindo a expansão das terras cultivadas e irrigadas, a industrialização, a urbanização e outras, pelo que necessitam de monitorização e cartografia para o planeamento do uso do solo. As unidades geomórficas são classificadas com base em processos de erosão diferenciados (Ajay e Singh, 2012). A paisagem que nos rodeia é essencial para a nossa vida e atividade, pelo que a compreensão das suas caraterísticas e processos é importante para o desenvolvimento sustentável
(Al-Dabbas, et al, 2013). Formada ao longo dos tempos pela alteração das condições climáticas, da topografia e dos materiais, a paisagem é complexa e inclui tanto recursos como perigos para a nossa sociedade. Os mapas geomorfológicos representam a superfície, a natureza e as propriedades dos materiais de superfície e indicam o tipo e a magnitude dos processos envolvidos (Al-Dabbas e Ali, 2016, Al-Dabbas e Al-Janaby, 2016).

Foi escolhida a zona de Razzaza -Habbaria, situada a oeste do lago Razzaza, na província de Karbala. Esta região é caracterizada por um clima continental, com verões quentes e secos, invernos frescos e húmidos, e o vento prevalece na direção noroeste (Al-Dabbas, et al, 2013). O clima geralmente seco e morno a quente que domina a maior parte do Iraque teve a sua influência no tipo de sedimentos e solos quaternários desenvolvidos, sendo geralmente imaturos, sem zonação de perfil, geralmente com pequenas alterações mineralógicas e químicas em comparação com as rochas de origem. As principais alterações têm sido a degradação do tamanho destas rochas em cascalho, areia, silte e lama por factores erosivos e transporte mecânico, mais do que por processos de meteorização química (Al-Dabbas, et al, 2013). Os solos da área de Razzaza - Habbaria nos leitos dos wadi contêm paralelepípedos e seixos de calcário e rochas siliciosas rodeados, cor-de-rosa e brancos, misturados com areia calcária acastanhada, silte e argila. As áreas entre os wadis têm uma camada de solo raso ou muito raso, muitas vezes misturado com ou coberto por paralelepípedos e seixos com um verniz do deserto castanho-escuro a preto. Em depressões pouco profundas, como na zona de Habbaria, os solos são lama de textura mais pesada, apresentando fissuras típicas no verão seco; por vezes, ocorrem solos mais arenosos e siltosos. Existem crostas de cascalho, cimentadas por carbonato de cálcio. A erosão hídrica, nomeadamente a erosão em lençol, transportou muito material. Os depósitos eólicos não são extensos neste deserto, embora em alguns wadis e perto deles ocorram misturas de quartzo de grão mais fino e calcário e dolomite de grão um pouco mais grosso. Localmente, existem pequenas zonas de dunas de areia. Os solos das extensas zonas pedregosas são designados por solos de Hamada (Sissakian, 1999).

A área de estudo situa-se entre as latitudes (32 00 - 33 00") a norte e a longitude (43 00 - 44 00) a leste (Figura 7). A zona de Razzaza -Habbaria é coberta por sedimentos e rochas sedimentares recentes. As formações geológicas aflorantes têm uma grande extensão, com idades compreendidas entre o Miocénico (Fatha Fm.) e os sedimentos do Quaternário. As rochas comuns são calcários e clásticos com a presença de rochas de gesso

(Sissakian, 1999, Al-Dabbas, et al, 2013). Estas formações, da mais antiga à mais recente, são as seguintes (Al-Mehaidi, et al., 1975, Al-Mubarak, 1983): -

Formação Tayarat Cretáceo

Formação Um Erdhuma U. Paleocénico

Formação Dammam U.-M. Eocénico

Formação Eufrates U.-M. Miocénico

Formação Nyfayl Zahra M. Miocénico

Formação Injana U. Miocénico

Depósitos quaternários e sedimentos recentes

Nesta investigação, foram utilizadas técnicas de teledeteção e SIG para identificar o relevo, as unidades geomórficas e produzir cartografia geomorfológica e de utilização dos solos com base no planeamento da utilização dos solos da zona de Razzaza - Habbaria (Al-Dabbas e Ali, 2016, Al-Dabbas e Al-Janaby, 2016).

4.3 Mapas Geomorfológicos e de Uso do Solo da Área de Razzaza - Habbaria

A deteção remota por satélite recolhe dados multiespectrais, multirresolução e multitemporais, transformando-os em informações valiosas para a compreensão e monitorização dos processos terrestres e conjuntos de dados sobre a ocupação do solo. A aplicação da deteção remota na área de Razzaza-Habbaria a sudoeste do Lago Razzaza (Figura 39 e Tabela 3) mostra os diferentes mapas de unidades geomorfológicas (Figura 39-B) que foram delineados a partir da imagem Landsat ETM+ (Figura 39-A), para a área de Razzaza -Habbaria no lado sudoeste do Lago Razzaza. A classificação de imagens digitais para a área de planície de inundação de wadi Habbaria (Faidat) foi estudada. Como se sabe, existem dois métodos de classificação de imagens digitais, as classificações supervisionadas e as não supervisionadas, sendo que a classificação mais adequada efectuada na zona de planície aluvial de wadi Habbaria (Faidat) é a classificação não supervisionada para delinear as diferentes classes, aplicando o software ERDAS 8.4. A técnica ISODATA (Iterative Self Organizing Data Analysis Technique) foi aplicada para classificar a imagem Landsat. De acordo com esta classificação, foram selecionadas cinco classes que foram delineadas em cores diferentes (Figura 40). A cor acastanhada representa as partes topograficamente mais elevadas, compostas principalmente por areias do deserto e cascalhos de linha misturados com solo gipsífero em pequenas manchas. Cor amarelada, representa a área mais erodida nas partes de declive acentuado afectadas por aguaceiros de água pluvial, há materiais grosseiros depositados de seixos e cascalho nas regiões planas e estas regiões são mais permeáveis aos aguaceiros limitados de chuva. De cor avermelhada, esta classe representa o material do solo do curso misturado com pequenos depósitos de rocha erodida (cortes de rocha ou brechas) e seixos com vegetação natural após a estação das chuvas, do ponto de vista geomorfológico, chamados depósitos de enchimento de vales.

1- De cor rubra, esta zona de classe é composta por materiais de solo médio a fino (com textura franco-argilosa siltosa e franco-argilosa arenosa) e é a zona mais cultivada com trigo e cevada.

2- Cor esverdeada, esta classe é maioritariamente constituída por solos de textura fina (argila siltosa e franco-argilosa) com solos mais húmidos a molhados (depósitos de depressões)

Finalmente, a imagem Landsat mostrada na Figura 41 foi melhorada para reconhecer a Faidat Habbaria e os três leques aluviais dos vales Mudaisses Shabwan e Abu Ghar. As áreas de Sabkha foram reconhecidas com a cor azul no interior da Faidat Habbaria (Figura 41) e, a sul do vale de Obaied, a área entre Shabwan e Obaied e a área entre Shabwan e Abu Ghar, todas estas áreas de Sabkha estão a oeste da Faidat Habbaria, onde a cor preta escura representa as maiores elevações da área de estudo e a escarpa com a cor castanha avermelhada. Foram consideradas muitas caraterísticas geomorfológicas na Faidat Habbaria ou depressão de Nukhaib. Esta Faidat ou depressão é uma área colectiva para todos os vales circundantes, onde todos os fluxos de vales na área estudada se dirigem para esta depressão, como o vale de Tabal, Mudaisses Abu Ghar, Shabwan, Duwakhla, esta depressão é delimitada a sul pelo vale de Obaied na direção norte-sul. O sedimento de Faidat Habbaria é composto por depósitos argilosos, siltosos e de areia fina no centro, com cascalho nas margens da depressão. Existe uma relação positiva entre esta depressão e as falhas dos vales de Obaidat, Ghader Sheikh e Tabal, a partir do limite oeste da depressão, e as falhas de Shinan, Adma e Zarka, a partir do limite leste. A erosão hídrica considerada importante na zona, como a erosão em lençol, que afectou a superfície do solo e cobriu os planaltos da zona, enquanto a erosão em sarjeta é considerada muito ativa em todas as partes da zona de estudo, dependendo da dureza da rocha. No entanto, todos os processos sedimentológicos desempenham um papel importante na área, como os processos de meteorização, transporte e deposição, pelo que muitas caraterísticas erosivas podem ser reconhecidas na área, como as planícies erosivas com fragmentos de rocha nos seus sedimentos, com algumas caraterísticas geomorfológicas como a Mesa e o Butt.

Os principais vales da depressão de Faidat Habbaria ou Nukhaib foram classificados como

1- Vales primários consequentes, tais como Obaied, Tabal, Mudaisses, Abu Ghar, Shabwan e Duwakhla

2- Os vales subsequentes dependem da dureza dos leitos rochosos aflorantes ou são alongados nos leitos rochosos de baixa dureza e friáveis, como o vale de drenagem dos vales principais de Duwakhla e Mudaisses.

3- Vales reequacionados que são construídos aleatoriamente em todas as direcções, dependendo do declive local da área.

4- Vales subsequentes que são os vales que correm em direção oposta às direcções de fluxo dos vales principais, ou seja, contra a inclinação geral dos leitos rochosos.

Além disso, existem muitas outras caraterísticas geomorfológicas, tais como:

- As Escarpas com declives superiores a 40 graus. Existem dois tipos de escarpas, as escarpas de falha e as escarpas de erosão, que se encontram no vale de Obaied, na direção norte-sul e a sudoeste do vale de Tabal.
- Terreno mau, que pode representar um planalto dividido por vales profundos com declives acentuados.
- Pedimento, que existe na área restrita entre as regiões montanhosas, o vale do rio e as planícies com baixa inclinação de 1 a 7 graus com inclinação geral não superior a 2,5 graus, os pedimentos reconhecidos nas partes norte e oeste da área de estudo
- Hamad que é uma zona sem areia e distribuída em vastas áreas, reconhecida na parte oriental da zona de Habbaria.
- Sareer, que é uma planície desértica composta por cascalhos e fragmentos de rocha afectados pelos processos de deflação reconhecidos a leste de Habbaria, composta por chert e outros minerais de silicato.

Existem também as caraterísticas geomorfológicas de deposição, tais como planícies de inundação

planícies aluviais, terraços fluviais, leques aluviais ou bajadas e depósitos de vale. Além disso, as caraterísticas caristificadas, tais como os sumidouros (Dolin, sumidouros de solução e sumidouros de colapso), alguns dos sumidouros de colapso podem juntar-se uns aos outros para formar grandes sumidouros graduais chamados (Uvula) que variam em profundidade de 3-70m, como mostrado nos mapas geomorfológicos para a área de estudo de Razzaza - Habbaria que foram construídos a partir das diferentes imagens de satélite (Figuras 42 -50) e os mapas de uso da terra (Figuras 51- 59).

Os resultados da cartografia são resumidos de uma forma generalizada, uma vez que os dados quantitativos são tabulados na Tabela 3. Os resultados ao nível do reconhecimento descrevem quantitativamente a distribuição geográfica das principais formas de relevo e da cobertura dominante do solo, conforme indicado na Figura 39-A e B.

Tabela 3: Classificação da imagem digital e descrição de campo das diferentes unidades no mapa (Figura 39-B) obtido a partir da Imagem de Satélite (Figura 39-A) do Sudoeste do Lago Razzaza.

%	Unidade Não	Forma fisiográfica	Forma transversal	Forma de drenagem	Ravina e Formas de erosão	Vegetação e terras utilização
2.53	1	Bacia	Plano, côncavo 1%	Sub paralelo & Artificial	Deposição de discos voadores	Pomar (tamareira)
3.28	2	Bacia	Quase fixo 1-2%	Dendrítico & Sub paralelo	em forma de U	Terrenos abandonados com terras e culturas pontuais
6.06	3	Depressão da planície de inundação	Nível 1%	Padrão livremente &	Ligeiramente folha	Cultivado com sal
				subparalelo	erosão	Afectados terra
14.8	4	Frontão	2-3%	Múltiplos basais e colineares	em forma de "u-v" e com erosão por rilhos	Terras de relva e cultura terra
40.6	5	Planalto	2-6%	Guloso e dendrítico	erosão em forma de V e de canal	Pastagens e vegetação dispersa
7.9	6	Vale	Relacionado com a ação de fluxo	Superfície fluxo	erosão do canal e em forma de v-	Parcialmente cultivado

					u	
8.4	7	Pedestal	Undulatina g 2%	Radial e sub-dendrítico	Fase ligeiramente erodida	Terras de relva e cultur a terra
12.6	8	Bacia alta e terraços	Quase plano < 2%	Dendrítico & sub marino paralelo	Ligeirament e erodido phase	Terrenos mistos e pedreiras e cascalheiras
2.4	9	Planície aluvial com leques aluviais	Quase fixo 1-2%	Paralelo e divergente	Ligeira folha Erosão	Terrenos de pastagem & terreno relvado
1.7	10	Planície deprimida (baixa)	Plano ou côncavo relíquia	Baixa dendriticidad e e radialidade	Depósitos fluviais	Terras de cultivo e tamareiras

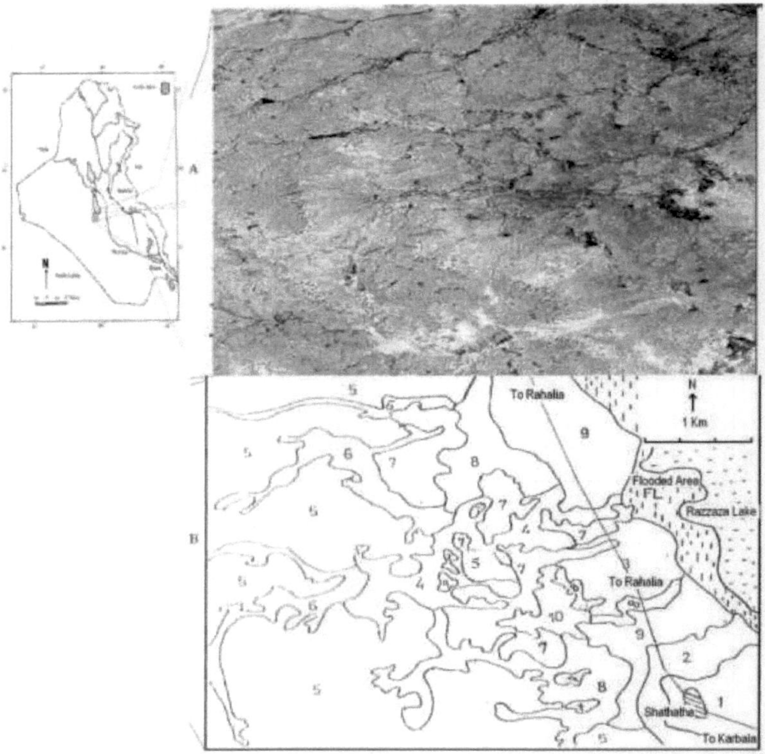

Figura 39: Mapas geomorfológicos e de uso do solo obtidos a partir da imagem Land Sat do sudoeste do lago Razzaza, A- Imagem Landsat ETM+ corrigida e fundida com resolução de 15 metros para a área de Razzaza -Habbaria. B- Diferentes unidades de cobertura do solo delineadas a partir da imagem classificada do Land Sat ETM+ (Al-Dabbas, et al, 2013).

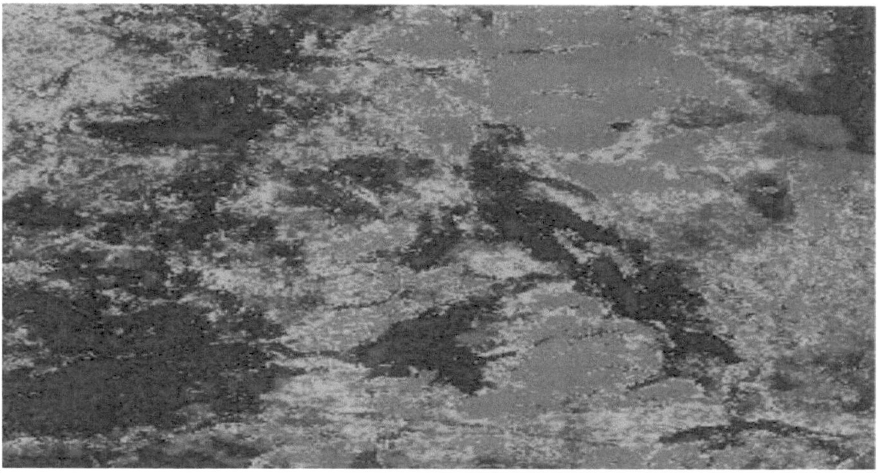

Figura 40: Imagem Landsat ETM+ com classificação não supervisionada (ISODATA) para a zona da planície de inundação de wadi Habbaria (Faidat), utilizando o software ERDAS 8.2 (Al-Shugairy, 2005).

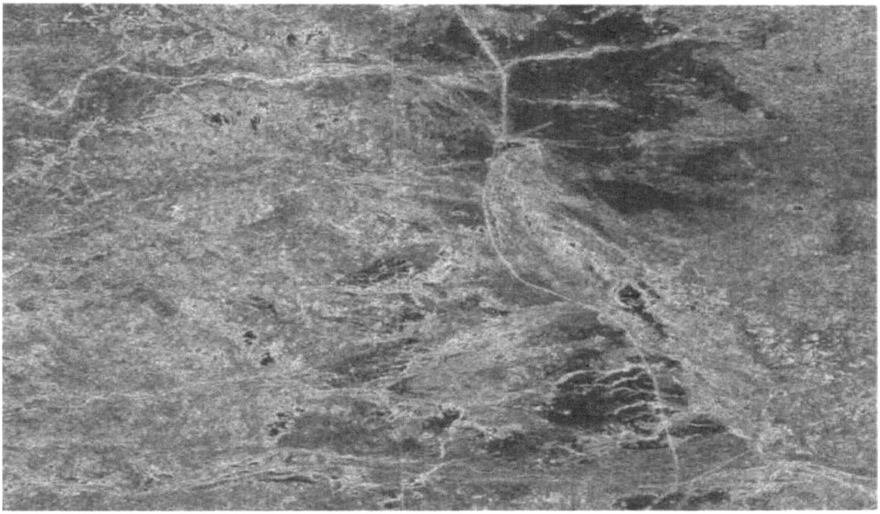

Figura 41: Imagem ETM de satélite terrestre com realce de arestas para a zona da planície de inundação de Habbaria (Faidat) (Al-Shugairy, 2005).

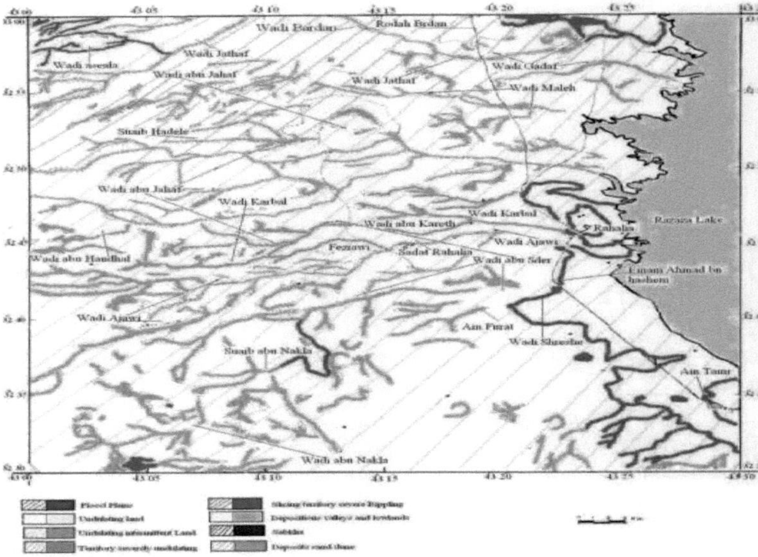

Figura 42: Mapa Geomorfológico de Wadi Abu Nakla.

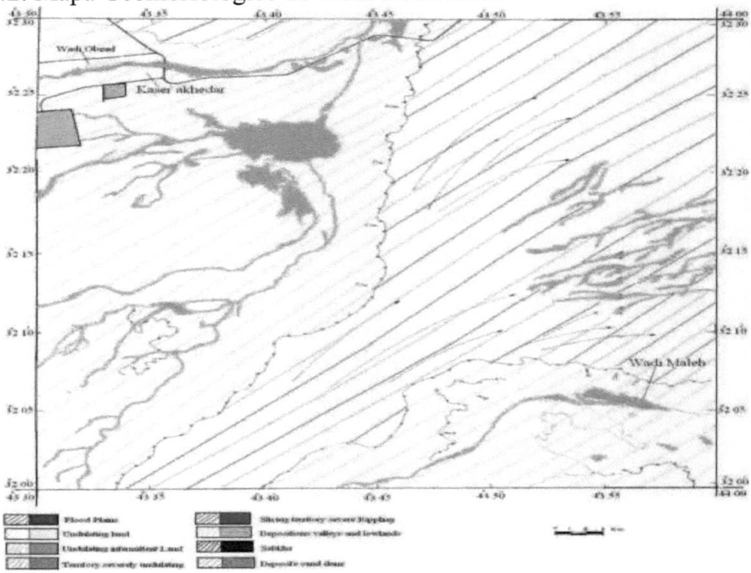

Figura 43: Mapa Geomorfológico de Ukhader.

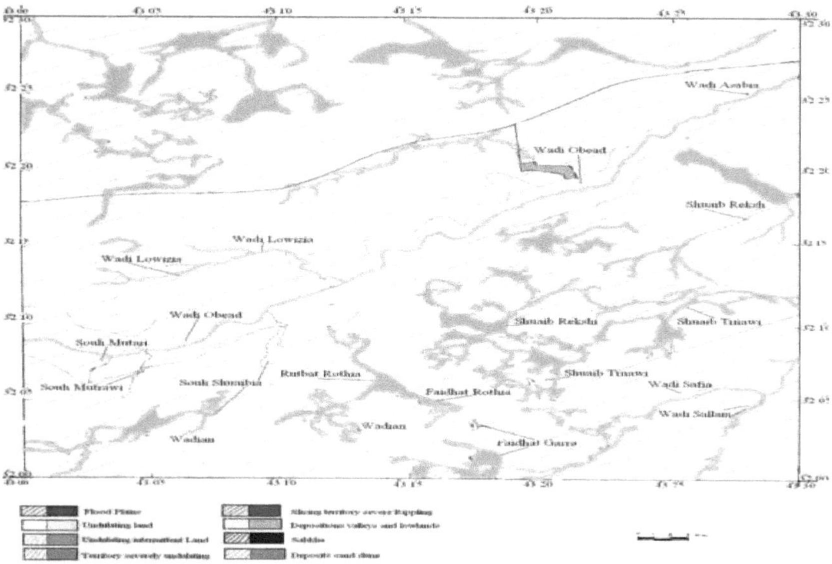

Figura 44: Mapa Geomorfológico de Shuaib Trnawi.

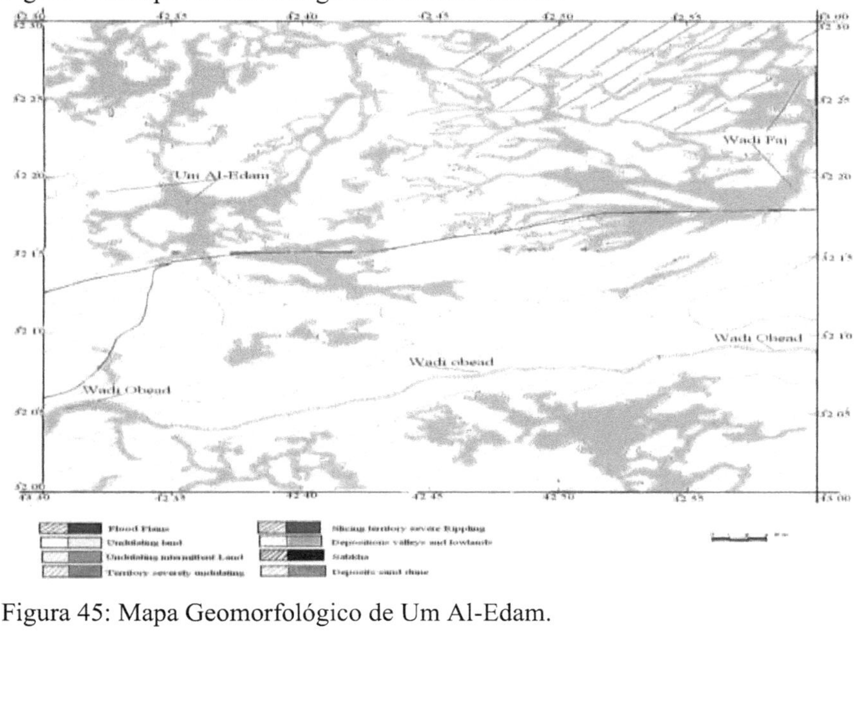

Figura 45: Mapa Geomorfológico de Um Al-Edam.

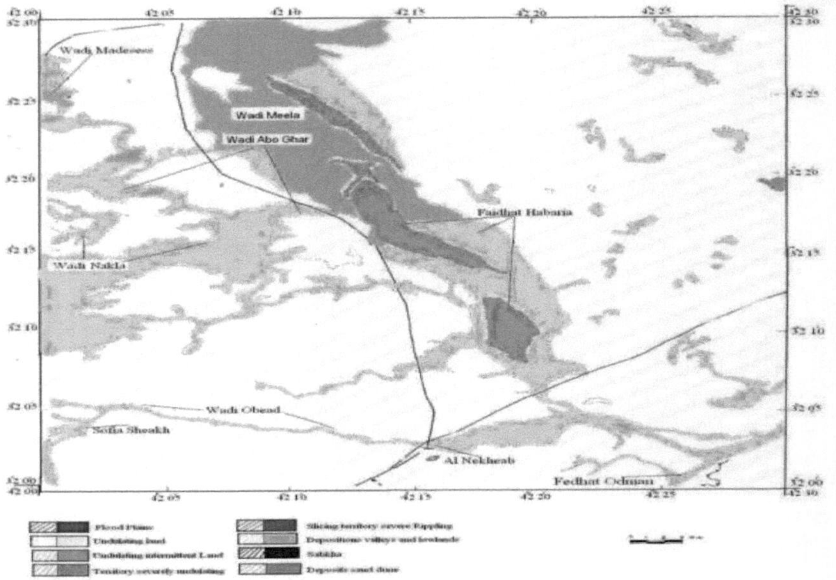

Figura 46: Mapa Geomorfológico de Faidhat Al-Habbaria

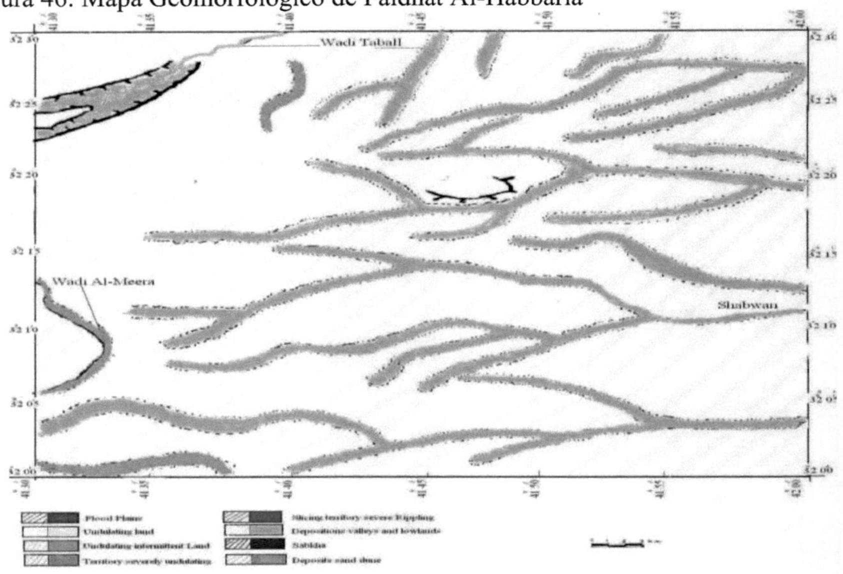

Figura 47: Mapa Geomorfológico de Wadi Al-Meera.

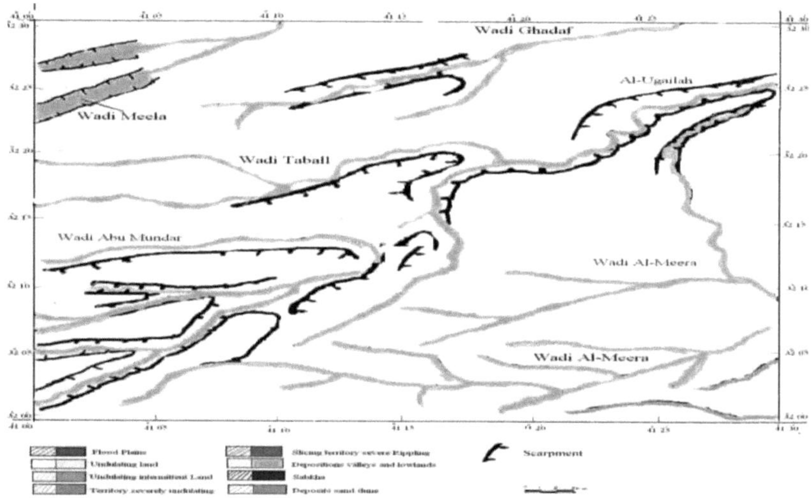

Figura 48: Mapa Geomorfológico de Wadi Taball

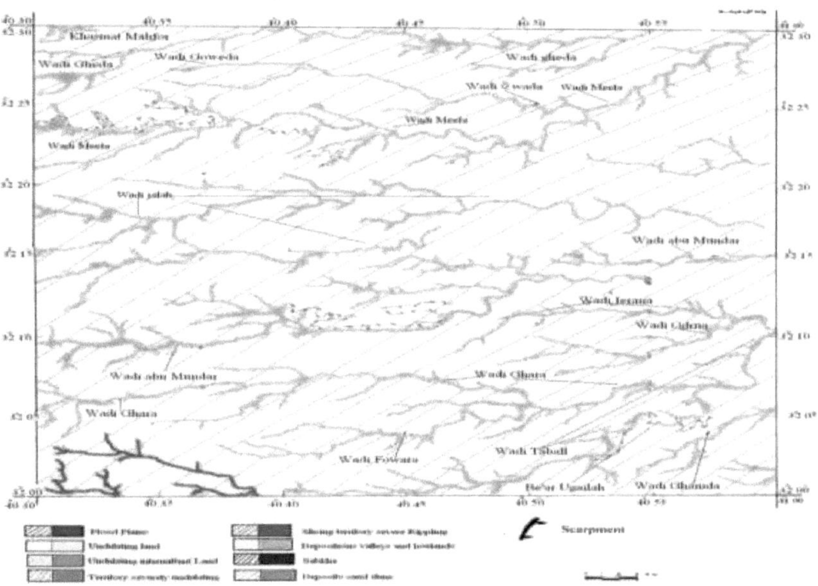

Figura 49: Mapa Geomorfológico da Meela

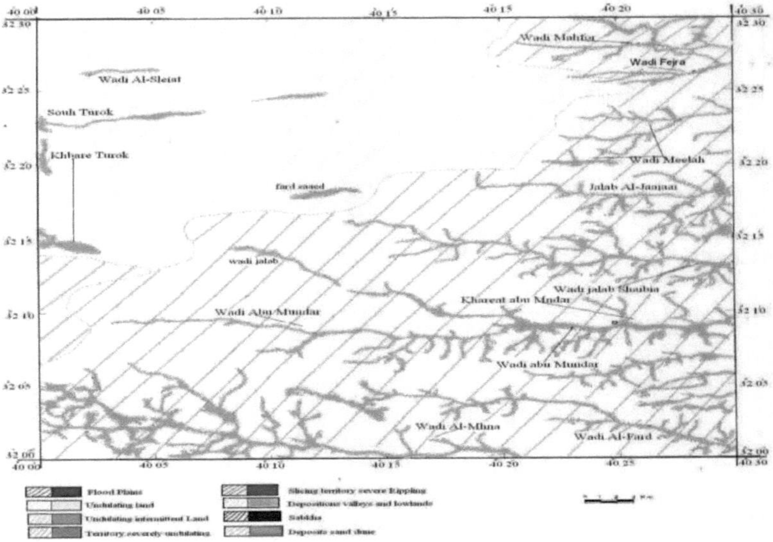

Figura 50: Mapa geomorfológico de Wadi Abu Mundar.

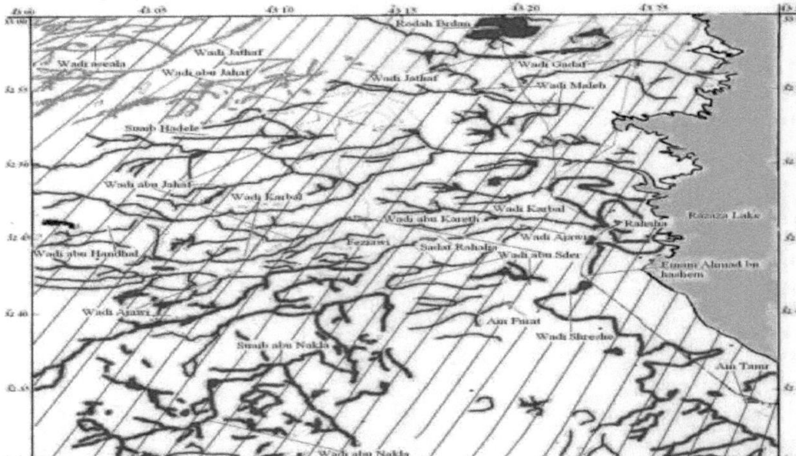

Figura 51: Mapa de utilização dos solos de Wadi Abu Nakla.

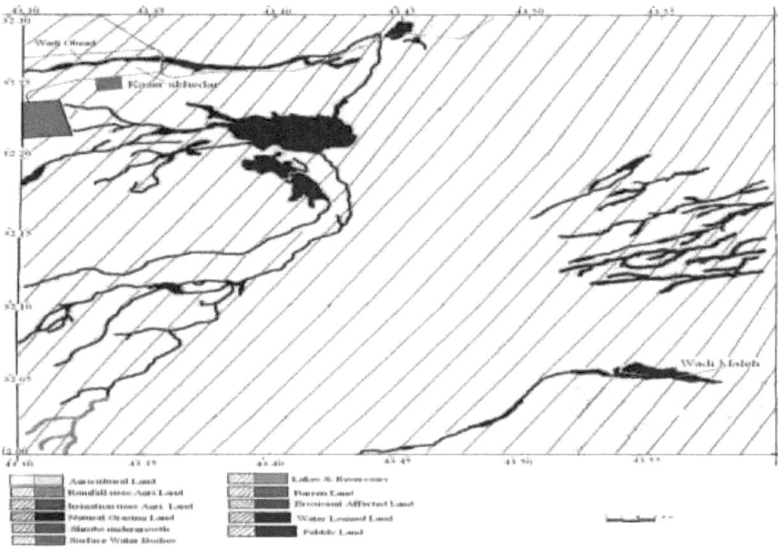

Figura 52: Mapa de utilização dos solos de Ukhader.

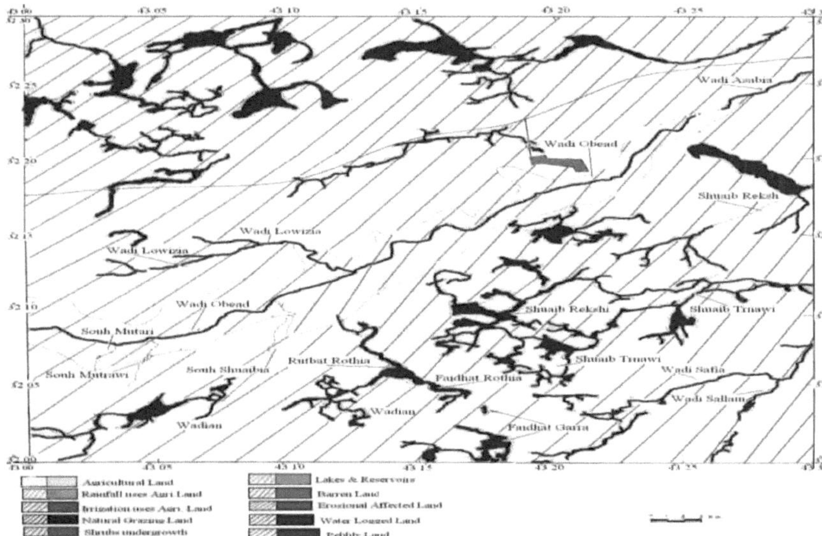

Figura 53: Mapa de utilização dos solos de Shuaib Trnawi.

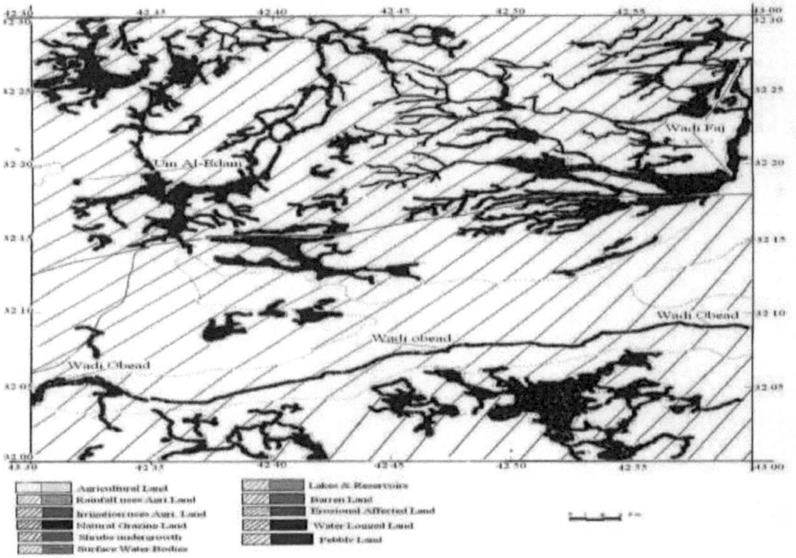

Figura 54: Mapa de utilização dos solos de Um Al-Edam.

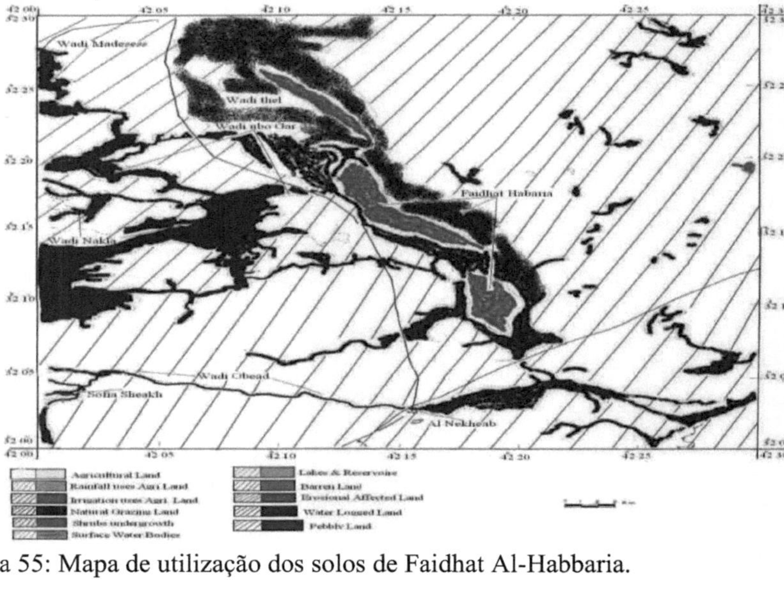

Figura 55: Mapa de utilização dos solos de Faidhat Al-Habbaria.

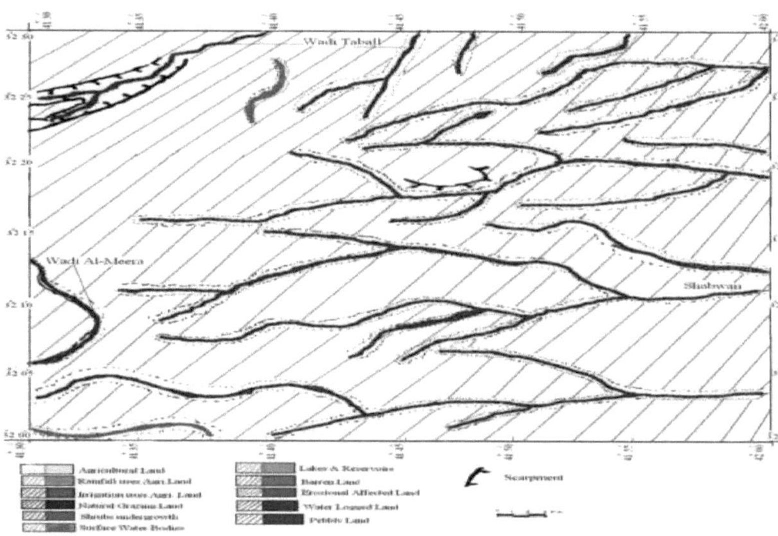

Figura 56: Mapa de utilização dos solos de Al-Meera.

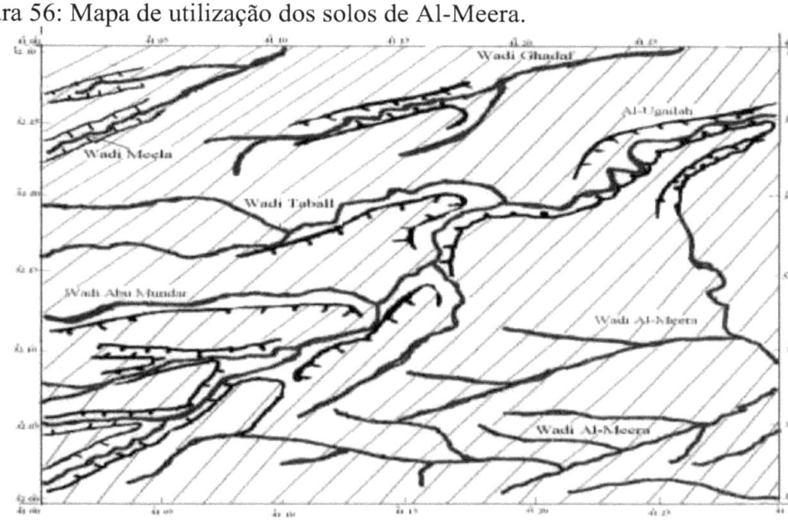

Figura 57: Mapa de utilização dos solos de Wadi Taball.

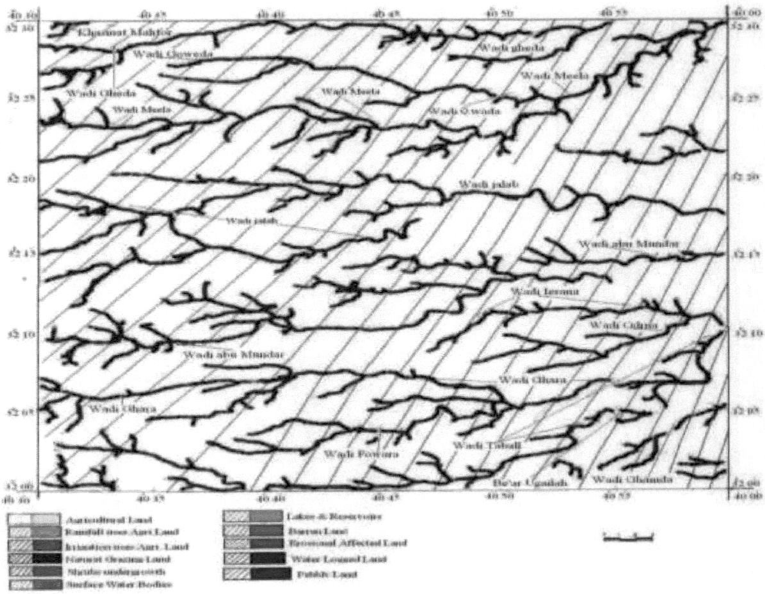

Figura 58: Mapa de utilização do solo de Wadi Meela

Figura 59: Mapa de utilização dos solos de Wadi Abu Mundar.

4.4 Vegetação natural da zona da Habbaria

A distribuição da vegetação natural depende dos factores ambientais, para além do tipo de solo, da topografia, do clima e do período de retorno da precipitação máxima diária ou mensal durante o ano (Zohary, 1950, Guest, 1966). A vegetação natural na área da Habbaria é representada por:

Arbustos anuais e perenes, como *Holoxylon salicronicum*, que se encontram no solo argiloso e arenoso que cobre os leitos de cascalho e os leitos de carbonato. Enquanto que *a Artemisia herba alba*, considerada um dos arbustos forrageiros mais importantes na área de Habbaria, cresceu nas planícies de inundação dos vales ou (Faidat), onde a água de escoamento cobre toda esta área de Faidat. Também se encontrou *Zizyphus unmalaria* distribuído nos vales e Faidat com *Lycium& Achille fragrantissime* nos solos argilosos, arenosos e húmidos, enquanto *Forssk salsala inermis* cresce nos solos salgados com *Seidiliza rosma rinus* que está amplamente distribuída nos solos de alta salinidade e sabkhas.

B-Perennials ephemeroides como a *Puasimaica* que se distribui em terrenos secos com elevações simples. *A Carex strnophlle* encontra-se sob ou dentro da superfície do solo e a *Stipagrosts plumose* distribui-se nos solos franco-arenosos. Estas gramíneas naturais são consideradas de grande importância na zona. Enquanto. *Gayea reticulate schult* distribuída nos solos arenosos de gravidade com *Iris sisurinchiuml* que também se distribui no Faidat e nos vales.

C - As efémeras anuais, como a *Stipe tortilis*, que é considerada uma boa forragem importante, a *Agilops grassa boiss*, que se distribui em solos argilosos, a *Hordeum marinual e a Lophochloa phieoides*, que se distribui em solos argilosos, arenosos e pedregosos, e a *Phalaris minor*. Já *a L. mayweed matricoria* é considerada de ampla distribuição na zona da Habbaria.

Capítulo Cinco

5. Conclusões

1- As ocorrências de tempestades de areia e poeira (SDS) aumentaram enormemente, em comparação com as ocorridas durante o século passado.

2- A principal razão para o aumento da poeira regional e das tempestades de poeira são as mudanças drásticas na precipitação anual e na temperatura, para além de muitas outras razões, como a seca, a má gestão da água e o abandono das terras agrícolas.

3- Foram identificadas três zonas principais de fontes de poeiras no Iraque, a saber A zona de Jazera, as fronteiras iraquianas, jordanas e sírias e a planície mesopotâmica do Iraque.

4- As tendências interanuais a longo prazo da temperatura do ar, da humidade relativa e da precipitação total sugerem que o Iraque está a sofrer uma alteração climática regional.

5- As tempestades de areia e poeira têm impactos muito graves na saúde humana, na economia, nos transportes e noutros aspectos sociais.

6- Os resultados dos pólenes reflectem um clima húmido. Estes resultados podem constituir uma boa prova das tempestades de poeira regionais que tiveram origem em locais longínquos, como demonstrado pelos pólenes de pinheiro, uma vez que podem ser provenientes do norte da Síria, da Turquia ou transportados de países próximos do Iraque que têm o mesmo clima. Os alergénios normalmente associados às tempestades de poeira incluem esporos de fungos, pólenes de plantas e gramíneas e detritos orgânicos que representam grãos de pólen de uma zona agrícola. Alguns dos fungos e algas podem crescer, aumentar no solo e ser transportados com as tempestades de poeira regionais que os transportam.

7- Os mapas geomorfológicos e de utilização dos solos são necessários a várias escalas devido aos materiais de superfície, aos condicionalismos topográficos, a numerosos processos químicos, biológicos, meteorológicos e litosféricos. Numerosos efeitos topográficos a várias escalas influenciam os factores forçantes e as alterações ambientais. Por conseguinte, os mapas geomorfológicos e de utilização dos solos são essenciais para avaliar e gerir os recursos naturais e promover a sustentabilidade.

Tendo em conta este objetivo, registaram-se numerosos avanços nas tecnologias geoespaciais. A informação de localização padrão e as tecnologias de medição da superfície terrestre permitem gerar uma grande quantidade de informação sobre a natureza espácio-temporal das superfícies planetárias. O acesso à informação aumentou drasticamente , facilitando grandemente os esforços de análise e cartografia. A cartografia está a sofrer uma mudança importante com a introdução de sistemas informáticos e imagens digitais (SIG, imagens de satélite). Em particular nas Ciências da Terra, a cartografia geomorfológica e de uso do solo começa a beneficiar da digitalização da informação. Foi demonstrada a identificação de formas de relevo utilizando caraterísticas chave de interpretação como o tom da imagem, a textura, a associação e a sombra do terreno.

Referências

Ahmad, M., 2002. Agricultural Policy Issues and Challenges in Iraq, short and medium term options, from Iraq's Economic Predicament ,Kamil Mahdi, Editor. Exeter Arab and Islamic Studies Series, Ithaca press.

Ajay S. T. e Singh, U.C., 2012. Mapeamento Geomorfológico Usando Sensoriamento Remoto e GIS Uma Ferramenta para Planejamento do Uso da Terra em torno da Cidade de Shivpuri, MP, Índia, IOSR J. Comp.Eng., 5(1):28-30.

Akbari, S.,2011. Tempestades de poeira, fontes no Médio Oriente e modelo económico para o levantamento dos seus impactos, Australian. Journal of Basic and Applied Sciences, 5, 227-233.

Al-Ansari, N.A.,2013. Gestão dos recursos hídricos no Iraque: Perspectivas e Prognósticos, Engenharia, 5, 667- 684.

Al-Dabbas, A. M., Ayad Abbas, M., Al-Khafaji, R.,2011.The mineralogical and micro-organisms effects of regional dust storms over Middle East region, International Journal of Water Resources and Arid Environments, 1 (2): 129-141.

Al-Dabbas, A. M., Ayad Abbas, M., Al-Khafaji, R.,2012. Dust storms loads analyses /Iraq, To insert individual citation into a bibliography in a word-processor, select your preferred citation style below and drag-and- drop it into the document. Arab J Geosci (2012), Vol .5, Issue 1, pp 121 - 131.

Al-Dabbas M., Al- Saadi Q. e Baktash F.,2013.Combater a desertificação no Iraque, a iniciativa de investigação e desenvolvimento do Iraque, Compêndio de Investigação IRDI, Rondas 1 e 2 - 1(1): 6-21.

Al-Dabbas ,M. A. e Raad Al- Khafaji,2013. Algumas caraterísticas geoquímicas, texturais e radioactivas das cargas de tempestades de areia sopradas sobre as cidades de Bagdade e Ramadi, no Médio Iraque, Iraqi Jour. Sci., edição especial, Procedendo da 1st Conferência de Tempestades de Poeira e seus efeitos ambientais, Geologia, Faculdade de Ciências, Universidade de Bagdade, 2012, publicado em 2013, P. 131-140.

Al-Dabbas M. A. e Ali H. Z., 2016. Mapeamento geomorfológico da área de Razzaza-Habbaria usando técnicas de sensoriamento remoto, Baghdad Science Journal Vol.13

(1)

Al-Dabbas M. A. e Al-Janaby, M. A.J., 2016. Utilização de técnicas de deteção remota para produzir o mapeamento do uso da terra da área de Razzaza-Habbaria, Faculdade de Ciências, Al-Kufa Journal of Physics Vol.8 (2)

Al-Farraji, F.A.H. 1998. Combate à desertificação no Iraque. Boletim de Controlo da Desertificação nº 33 pp. 2-10.

Al-Jumaily ,K. J. and Ibrahim, M. K. ,2013.Analysis of synoptic situation for dust storms in Iraq, International Journal of energy and environment , Volume 4, Issue 5, 2013 pp.851-858.

Al-Mehaidi, H. A., Vejlapek, M., e Yacoub, S.Y., 1975. Relatório sobre a cartografia geológica regional das áreas de Shithatha - Habbariya, SOM. Lib. Rep. No. 679, 36p.

Al-Mubarak, M., 1983. Relatório sobre a cartografia geológica regional da parte oriental do deserto ocidental e da parte ocidental do deserto meridional, SOM. Lib., (Unpub.).

Alonso-Pérez, S., Moutaz Al-Dabbas, A. Abd Ali , Tahir H. H. Al- Waeli, 2013. Establishing a National Programme to Combat Sand and Dust Storms in Iraq, Conselho Nacional de Investigação Espanhol (CSIC)/Agência Estatal de Meteorologia de Espanha (AEMET), Espanha, Santa Cruz de Tenerife.

Al- Rawi, A. 1988.Wild plants of Iraq, Ministério da Agricultura e Irrigação. Conselho de Estado para a Investigação Agrícola e dos Recursos Hídricos, pp:231 .

Al-Shugairy Kh. S., 2005. Utilização de dados de deteção remota e de sistemas (GIS) para estudar as caraterísticas geomorfológicas da região de Habbaria (o deserto ocidental - Iraque), Unpub. Tese de Mestrado, Faculdade de Educação, Universidade de Anbar.

Arshad, M.A. e G.R. Coy. 1993. Sistemas de lavoura e de cultivo para a conservação do solo e a produção sustentável de culturas na região de Peace River. Relatório final n.º 600791.

Boloorani, Ali Darvishi, Seyed Omid Nabavi, Rasoul Azizi, Mousa Kavosi, Esmail Abasi, Fardin Mirzapour, Hossain Ali Bahrami ,2012. A investigação da tempestade de poeira que entra no oeste do Irão utilizando dados de deteção remota e análise sinóptica, Recomendações da Conferência sobre poeira e tempestades de poeira (20 a 22 de novembro de 2012) Estado do Kuwait.

Buday, T., e Jassim, S., 1987. The regional geology of Iraq, Vol.2, Tectonism, Magmatism and Metamorphism, 352p.

Buringh, P. 1960. Soil and soil condition in Iraq. Bagdade, Iraque: Ministério da Agricultura, Direção-Geral da Investigação e dos Projectos Agrícolas. 322pp.

Climatological Atlas of Iraq, 2000, Iraqi Meteorological Organization, relatório interno não publicado, Iraqi Meteorological Organization, Ministério dos Transportes, 2013.

Derkson, D.A. 2001. Rotações e uso de herbicidas em lavoura zero. Agric. And Agri Food Canada Re. No.3. FAOSTAT, Organização das Nações Unidas para a Alimentação e a Agricultura, ONU, (http://apps.fao.org/).

Goldman, J., 2003. Tempestades de poeira, tempestades de areia e actividades conexas da NOAA no Médio Oriente. Revista NOAA. Dados da Internet.

Convidado. E. 1966. Flora of Iraq, Vol.1, Ministério da Agricultura, Iraque, p.95. , 5: 95-107.

Departamento de Meteorologia do Iraque, Direção de Climatologia e Direção de Meteorologia Hidrográfica e Agrícola, 2016. Dados climatológicos gerais de todas as estações meteorológicas Relatório não publicado.

Jassim, S. Z. e Goff, J. C., 2006. Geology of Iraq, 1ª edição, impressa na República Checa. P. 318.

JAPU (Unidade Conjunta de Análise e Política), 2011. Ficha informativa sobre tempestades de areia e poeira. Dados da Internet. Revista NAOO.

Kobler, M. 2013. Dust storms of Iraq, Secretário-Geral da ONU para o Iraque, reunião ministerial em Nairobi, Quénia. http : //www.term 123 .com/dust- storms-of-iraq/#mh32BcOB4S6cRkIG.99

Laith R. F. Awawdeh, S. Akrouch, e N. Al-Jouhari. 2000. Range management options in Jordan. Relatório dos inquéritos comunitários RRA.

Lillesand T. ,Kiefer RW, e Chipman J. 2008. Remote Sensing and Image Interpretation (Deteção Remota e Interpretação de Imagens). John Wiley and Sons:

Nova Iorque.
Michael P. B., Allan L., Shroder J., F. e Stephen J. W., 2012. Tecnologias geoespaciais e conceitos de mapeamento geomorfológico digital, Geomorphol., 137(1): 5-26.
Norman S., 2004. Tenure of Agricultural Land in Iraq, Relatório ARDI.
Parsons, R.M., 1955. Groundwater resources of Iraq-northern desert, Vol. 8, Conselho de Desenvolvimento, Ministério do Desenvolvimento, Governo do Iraque.
PECAD.FAS, USDA, 2003. Produção agrícola do Iraque,(http://www.fas.usda.gov/pecad/highlights/2003/01/iraq_update/index.htm
Sharun, T. K., Girish, K. H., Karthika T. e Babu, S. S. , 2011. Geomorphological and Land Use/Land Cover Studies around Proposed Palakkad Municipal Corporation, Kerala using Remote Sensing Techniques. Int. J. Earth Sci. and Eng., 04(01): 61-70.
Sissakian, V., Ibrahim, E., Ibrahim, F., e Al-Ali, N., 2000. Geological Map of Iraq Scale 1:1000000, 3ª edição, GEOSURV. Bagdade, Iraque.
Sissakian ,V. K., Al-Ansari N. , Knutsson S., 2013. Eventos de tempestade de areia e poeira no Iraque, Natural Science ,Vol.5 No.10.
Tarolli, P., Arrowsmith, J.R., e Vivoni, E.R. 2009. Compreensão dos processos da superfície terrestre a partir de modelos digitais de terreno com deteção remota. Geomorphol. 113, 1-3.
Thalen, D. C. P. 1979. Ecology and Utilization of Desert Shrub Rangelands in Iraq [Ecologia e utilização de pastagens de arbustos do deserto no Iraque]. Haia, Países Baixos.
UNESCO, 2013. Ficha informativa sobre tempestades de areia e poeira. http://reliefweb.int/report/iraq/sand-and-dust-storm-fact-sheet
Wikipedia, a Enciclopédia Livre, 2009. Tempestades de poeira. Wikipédia, a enciclopédia livre. Dados da Internet. http://en.wikipedia.org/wiki/Dust storm
Yahia, H.M., 1971. Solos e condições do solo em sedimentos da província de Ramadi (Iraque). A sua génese, melhoria da salinidade e potencial de utilização. Tese de doutoramento, Universidade de Amesterdão, Países Baixos. 227 pp.
Zohary, M., 1950. A flora do Iraque e a sua subdivisão fitogeográfica, Bagdade,

Imprensa do Governo, Boletim, 31:1-201.

Sítios Web úteis

www.patriotfiles.com., www.unep.org.

www.lib.utexas.edu

www.fao.org

http://www.economist.com/countries/Iraq

MIX
Papier aus verantwortungsvollen Quellen
Paper from responsible sources
FSC® C105338

Printed by Books on Demand GmbH, Norderstedt / Germany